日本統計学会公式認定

統計検定専門統計調査士対応

調査の実施と
データの分析

日本統計学会 編

東京図書

日本統計学会公式認定
統計検定専門統計調査士対応

調査の実施とデータの分析

日本統計学会 編

まえがき

　近年，官民を問わず合理的な証拠（evidence）が重要視される時代となってきました。政府では政策の決定や施策の評価に，民間では経営戦略の立案や商品の企画・開発に多くのデータが活用されています。政府等によって作成される公的統計は政策運営や意思決定に重要な統計ですが，企業等が自らの費用で市場調査，世論調査等によりデータを入手する動きがこれまで以上に活発化しています。さらに，情報技術の進展とともにビッグデータの有用な活用に取り組む動きが加速しています。多様で大量のデータをいかに効果的に解析し企業経営に活かすかが，企業活動の成否を大きく左右するポイントであると強く認識されるようになってきました。

　本書は，日本統計学会が実施する統計検定のうち，専門統計調査士の出題範囲に合わせて執筆したものです。なお，調査の実務は技術進歩や社会情勢の変化に合わせて対応しているので，現在の状況に即した内容となっています。本書を通して，調査の実施ならびにデータの利活用を適切に行う上で必要とされる，調査の企画・設計・運営，調査方法と標本設計，調査データの分析に関する知識と能力を身に付けることができます。さらに，専門統計調査士検定が，2022年度から完全にCBT方式に移行したことを機会に，CBTによる受験形式の問題例も収録し，理解度を確認できるように配慮しています。

　専門統計調査士検定の合格者は，調査プロジェクトの実務，データ解析等に関連する幅広い分野での高度な専門的知識・能力を有していることを認定されます。また，合格者を抱える組織にとっても，調査を実施する組織能力および調査データの解析力が評価され，調査受託の際のアピールポイントになる，等の効果が期待されます。

統計検定の趣旨　日本統計学会が2011年に開始した統計検定の目的の1つは，統計に関する知識や理解を評価し認定することを通じて，統計的な思考方法を学ぶ機会を提供することにあります。

統計検定の概要　（2023年1月現在）　統計検定は以下の種別で構成されています。詳細は日本統計学会および統計検定センターのウェブサイトで確認できます。

1級	実社会の様々な分野でのデータ解析の遂行
準1級	各種の統計解析法の使い方と解析結果の正しい解釈
2級	大学基礎科目としての統計学の知識と問題解決の修得
3級	データ分析の手法の修得と身近な問題への活用
4級	データ分析の基本の理解と具体的な課題での活用
統計調査士	経済統計に関する基本的知識の修得と利活用
専門統計調査士	調査の実施に関する専門的知識の修得とデータの利活用
データサイエンス基礎	問題解決のためのデータ処理結果の解釈
データサイエンス発展	大学一般レベルにおけるデータサイエンスのスキルの修得

　本書を通して，調査およびデータ分析に関わる方々が，調査の実務と調査データの利活用に関して専門的な知識を修得し，適切に実行できるようになることを期待します。

一般社団法人　日本統計学会

会　長　樋口知之

理事長　大森裕浩

一般財団法人　統計質保証推進協会

出版委員長　矢島美寛

目　次

1. 調査の企画

この章での目標

■ 統計調査，社会調査，市場調査，世論調査の調査目的を知る
■ 調査の設計をどのように行うかについて理解する
■ 調査の実施計画と実施・運営の実務を把握する
■ 調査票の作成とプリテストについて理解する
■ 調査に関連する法規と認証制度を学ぶ

■■■ **Key Words**

- 公的統計調査，社会調査，市場調査，世論調査
- 調査の設計，調査票，プリテスト
- 調査の実施計画，調査関係書類，調査員，外部委託
- 個人情報保護法，第三者認証制度，インスペクション

§ 1.1　調査の種類と目的

　調査は，その目的から**統計調査**，**社会調査**，**市場調査**，**世論調査**に区分される。統計調査は国の実状を把握する，社会調査は人々の意識や行動等の実態を捉える，市場調査は顧客の意向や市場の動向を探る，世論調査は世間一般の意見や生活状況等についての意識を尋ねる，等を主な目的として調査されるのが大半である。その背景はたとえば，国の行政施策を企画・立案・評価する，社会の実情を知り改善に役立てる，商品開発やマーケティング戦略に活用する，世論の動向に対処する等，調査ごとに異なる。

　従来，統計調査は大半が国・地方の政府統計機構によって，社会調査は多くが大学・研究機関等によって，市場調査や世論調査は主として民間の調査機関・報道機関等によって実施されていた。調査の種類ごとに調査実施機関がすみ分けられており，それぞれで調査実施機関の特性と優位性が発揮されていた。しかしながら近年においては，民間の調査機関が調査能力の向上や体制整備の確立をはかってきており，他方で，大学等で自らが社会調査を実施するための人的余裕が不足してきたこと，ならびに国・地方の双方で統計関連職員が趨勢的に減少していることによって，民間を主とした調査機関が統計調査や社会調査においても大きな役割を担うようになっている。

統計調査

　社会や経済の実態を把握するための統計調査には，多くの労力と費用を要し，調査対象となる個人や企業等の協力を必要とする。そのため，我が国においては，主要な統計調査のほとんどが国や地方公共団体，日本銀行等の公的機関によって実施されている。これら公的機関が行う統計調査は公的統計調査と称される。業界団体，企業等が行う統計調査もあるが，その数は少なく，かつ統計法の枠外となるので統計法による守秘義務も課せられず，公表義務もない。したがって，統計調査といえば公的統計調査がイメージされる。公的統計調査の詳細は『経済統計の実際〜統計検定統計調査士対応』（日本統計学会編）を参照されたい。

☕ **ティータイム**　　　　　⋯⋯⋯⋯⋯⋯⋯⋯● 公的統計調査の民間委託

　2006年に制定された「競争の導入による公共サービスの改革に関する法律」（公共サービス改革法）が統計作成にも適用されて以降，民間の調査機関が公的統計調査の実施に大きく関わるようになっている。次の図は，民間調査機関が中央政府の統計調査を受託した金額と件数の推移を示している。2008年以降，趨勢的に増加しており，民間調査機関が公的統計調査においても大きな地歩を占めてきていることがわかる。

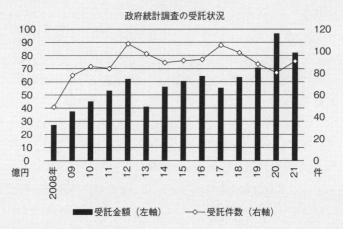

資料：「公的統計市場に関する年次レポート2008～2021」
　　　（一社）日本マーケティング・リサーチ協会，公的統計基盤整備委員会

社会調査

　さまざまな社会問題の実態と要因に関して，人々の実際の意識と行動のデータを収集するために行われる調査である。18～19世紀のヨーロッパで，社会改良家たちが，資本主義の発展に伴う諸問題を解決しようとして，主として貧困層・労働者層を対象とした調査に取り組んだことが始まりである。ありのままの実態を明らかにするとの立場から，当初の社会調査が実地調査によって直接，生のデータを収集することを旨としていたので，社会調査＝現地調査ととらえる研究者も多い。我が国で長期に継続して行われてきた社会調査として，次の3つの調査がある。いずれも，調査員による全国規模の

訪問調査である。

　「日本人の国民性調査」（統計数理研究所）1953 年～
　「社会階層と社会移動に関する全国調査」（SSM 調査研究会）1955 年～
　「日本人の意識調査」（日本放送協会）1973 年～

☕ **ティータイム**　　　　　　　・・・・・・・・・・・・・・・・・・・・・・・・・・●代表的な社会調査

　「日本人の国民性調査」は統計数理研究所によって 1953 年から 5 年周期で実施されている我が国最古といえる継続的な社会調査である。20 歳以上の日本人を対象として（第 11 次・第 12 次調査はうち 80 歳未満，第 13 次調査はうち 85 歳未満），基本的に同じ質問項目を継続することで，日本人のものの見方や考え方とその変化を把握する狙いで始まった。目的は名前の通り国民性の解明であるが，他の社会調査と異なる特徴として，調査手法や調査データの分析手法の研究開発も目的としている。調査環境の悪化は深刻な問題であり，調査に利用できる技術の進展も早いので，個人を対象とした調査において，調査を設計する際の手本になっている。

　「社会階層と社会移動に関する全国調査」は SSM（Social Stratification and Social Mobility）調査と通称され，社会学者による研究組織によって 1955 年から 10 年周期で実施されている。社会の階層構造や職業の世代間移動などを中心に調査する。基本的に特定の質問項目を維持しつつ，その時代に関心の高いテーマを盛り込んだ大規模な調査である。SSM 調査の結果は，多くの学術的研究による報告のほか，村上泰亮（1984）『新中間大衆の時代——戦後日本の解剖学』や佐藤俊樹（2000）『不平等社会日本——さよなら総中流』等の話題となった一般書でも取り上げられたことで広く知られている。

　「日本人の意識調査」は，戦後生まれが社会人となっていく 1973 年に，NHK 放送文化研究所によって実施された。「日本人の国民性調査」と同じように，5 年周期で同じ質問項目を継続する形で実施されている。調査対象者を 16 歳以上としており，成人対象の「日本人の国民性調査」よりも若い層まで範囲を広げている点で違いがある。

市場調査

戦後，米国からマーケティング・リサーチが導入され，我が国でも実施された。商品やサービスに関して，主に利用者や潜在顧客を対象として調査を実施し，その結果が企業のマーケティング情報として活用される。

市場調査は，企業が自社名で実施する場合と，調査専門機関が第三者の立場で実施する場合がある。企業による市場調査は自社のための情報収集なので，調査結果は基本的に公表されない。食品や日用雑貨の分野では，消費者調査が大半であり，新製品発売前に広告評価調査や試飲・試食調査などが実施され，発売後は利用者の評価を調査して商品の改善策に活用する。ブランドの評価のほか，消費者の購買動機・選択心理や生活様式・価値観の変化なども幅広く継続的に，さまざまな手法を活用しながら調査されている。電機，自動車，携帯電話などの市場規模が大きく，かつ普及率が高い商品・サービスの分野では，市場における競争も激しく，それに伴い多くの市場調査が実施されている。市場調査は，企業が消費者・生活者を客観的に理解するための総合的な情報活動ともいえる。市場調査のテーマは多岐にわたり，調査機器・技術も進展してきたことに対応して，使用する手法も多様に変化してきている。

調査機関が第三者的立場で実施する場合は，調査データとして販売されている場合がある。ビデオリサーチの「視聴率調査」をはじめとして，新聞やWEBなど各種情報メディアへの接触状況調査が該当し，これらは広告取引に不可欠の基礎データとして使われている。消費者の購買行動についても，POSやバーコード・スキャンなどを利用して調査し，そのデータが販売されている。インテージの「全国消費者パネル調査」（SCI）やマクロミルの「消費者購買履歴データ」（QPR）などがある。これらは装置型の調査手法であり，「第2章2.7節 装置型調査」で詳述している。ブランド調査の分野では，日本経済新聞社の「日経企業イメージ調査」，日経BPコンサルティングの「ブランド・ジャパン」，日経リサーチの「ブランド戦略サーベイ」などがある。顧客満足度（CS）調査は，企業が自ら自社顧客に実施する場合が多いが，第三者機関として日本生産性本部サービス産業生産性協議会が実施している「日本版顧客満足度指数」（JCSI）調査もあり，これは日本における最大規模のCS調査である。

　市場調査は企業のマーケティング・プロセスに対応しながら実施されているが，タイプに分けて整理すると次のようになる。

〈実態調査〉

　市場実態の基礎情報を収集する。ある商品分野（たとえば，携帯電話，パソコン，自動車，各種の家電製品）について，全国の一般消費者を対象に，どの企業の，どの商品を所有しているか，いつ・どこで購入したか。また，購入者の基本属性（年齢・性別・居住地・所得・世帯状況・学歴など）も調べて，市場シェアや市場構造を把握する。

〈商品開発調査〉

　新商品を開発するため，想定される消費者を対象に，どのような商品が売れるのかを調査する。食品であれば味・パッケージなどを調べる。自動車であれば乗り心地なども重要である。家電などは機能だけでなくデザインの好みなども調べる。価格の設定も重要な調査事項である。商品の機能（属性）は複合的な組合せであることから，仮想商品の仕様を実験計画法の要因として配置するコンジョイント分析のための調査も普及している。食品では専門家による官能評価や，一般消費者による試飲・試食による評価調査をするほか，実際の商品を限定地域に投入するテスト・マーケティングも行われる。

〈広告関連調査〉

　広い意味では消費者・生活者の情報行動（メディア接触状況）を調査する。どのような人が，どのような媒体に，いつ・どの程度，どのような形態で接しているか。これは広告戦略を決めるうえで不可欠の情報である。媒体別に広告主・商品の広告出稿状況も調査され，発信と受信の双方で調査が実施されている。狭義には，広告のコンセプト調査として，複数の広告を試作して事前に消費者評価を調査し，広告の表現に資するための調査と，広告投下後に広告効果を調査し，注目率や評価を測定するための調査がある。

世論調査

　世論調査は，政治や政策に関する事項に関して，個人を対象として行われる大規模な意識調査のことをいい，国，地方公共団体，大学，新聞社・放送局等の報道機関などで実施されている。世論調査は，GHQ（連合国最高司令官総司令部）による占領政策の中で始まった。GHQ は日本を民主化するにあたり，国民が何を考えているのかを常に把握するために，正確な情報

把握を求めた。GHQ は科学的な統計調査を指導して生産・労働・家計など
の経済実態を報告させたように、世論調査によって民意を知ろうと努めた。
GHQ には、政府内に世論調査の組織を作る方針と、民間に世論調査の実施
基盤を構築する方針とが併存していた。政府の世論調査は現在の内閣府世論
調査につながっている。政府と民間のいずれも科学的方法によって民意を測
定することが目的であるが、調査テーマに違いがある。政府の世論調査が政
治的テーマを扱わず、主に政策的テーマについて調査しているのに対して、
民間の報道機関による世論調査は、内閣支持率・政党支持率を重要な調査事
項としている。

　世論の動向や変化を知るためには、継続的に調査して、結果を時系列で分
析することが必要である。そのためには質問文と選択肢を変更しないことが
重要で、これを守ることで比較が可能になる。全国規模の世論調査を定期的
に実施して公表しているのは、主に内閣府と報道機関である。

☕ **ティータイム** ・・・・・・・・・・・・・・・ ●民間における調査団体の設立

　民間の調査の発展は、調査団体によって支えられてきた。**世論調査**につい
ては、戦後、日本の健全な民主主義を達成するために、政府・地方公共団体
が国民・住民の意見を正確に把握することや、報道機関が世論の動向を捉え
て国民に知らせることが、きわめて重要であると認識された。1947年、総理
官邸において米国の世論調査専門家を招いた協議会を開催。政府の広報調査
部門、新聞・通信・放送などの調査部門、民間の調査機関、大学の研究者等
が参加した。この協議会を母体として、**日本世論調査協会**が設立された。

　市場調査については、市場調査の持続可能な環境を維持し、業界を育成す
る目的で、1975年に**日本マーケティング・リサーチ協会**（JMRA）が設立され
ている。米国でも同様の業界団体があり、American Marketing Association
（AMA）が活動している。JMRA では「マーケティング・リサーチ綱領」を
はじめ、調査手法別のガイドラインを自主的に定めている。調査対象者の個
人情報保護や、不適切な調査の抑制など調査業界としての品質向上に努めて
いる。近年では、公的統計調査の品質改善に関して、受託者の立場から積極
的に協議し、提言している。

§1.2　調査の設計

　現在，公的統計調査，社会調査，市場調査，世論調査等の多種多様な調査が実施されている。これらの**調査の企画**において基本を成すのが**調査の設計**である。調査の設計のためには，調査の目的をできるだけ明確にして，具体的な調査対象，調査方法，調査期日，結果の集計を決める必要がある。前節で紹介した個々の調査における設計は大いに参考になる。

　調査の設計における第一歩は**調査目的**の明確化である。調査目的は，**実態把握**と**仮説検証**の 2 つに大きく分けられる。

　ほとんどが実態把握を目的とした調査であるのは，公的統計調査を中心とした統計調査や世論調査である。それぞれの調査の企画においては，どのような実状，どのような意識を知りたいかを明確にすることが重要であり，それは調査結果をまとめた統計表，結果表と一体的である。「調査の設計は結果表から」が，実態把握のための調査における企画の原則であり，結果表から調査対象，調査項目，調査期日等の調査の設計が自ずと決まる。調査機関が政府や大学等から調査業務を受託して実務を行うとき，適切な企画者からの委託であれば，設計の詳細があらかじめ設定されているのは当然といえる。たとえば，公的統計調査の調査機関への委託に際して，次のような仕様書が提示される。受託した調査機関は，仕様書に従って調査業務を実行することになり，調査の設計に関与することはほとんどない。ただし，最近では政府等からの公的統計調査においても，調査設計が企画提案による入札で委託される場合がある。このような場合，調査機関の企画・設計についての専門的知識と能力が調査結果に大きく影響することになる。

【仕様書の例】農林水産省「牛乳乳製品統計調査」
（基礎調査についての一部を抜粋要約したもので，実際の要項にはさらに詳細な記述がある）

　1　調査の目的
　　牛乳及び乳製品の生産，出荷，在庫等に関する実態を明らかにし，畜

産行政の基礎資料を整備する。

2　調査の対象

牛乳処理場・乳製品工場（約620工場：全数調査）。日本標準産業分類「処理牛乳・乳飲料製造業」「乳製品製造業（処理牛乳，乳飲料を除く）」

3　調査時期

調査期日：12月末，調査実施期間：1月

4　調査項目（詳細別紙）

経営組織・常用従業員数，生乳受乳量・送乳量，牛乳・乳製品向け処理量，牛乳等の種類別生産量，飲用牛乳等の地域別出荷状況・容器容量別生産量，乳製品の種類別生産量・年末在庫量，生産能力

5　調査方法

(1) 郵送（返送は調査対象了解のもとFAXも可），(2) 政府統計共同利用システムでのオンライン調査，(3) 聞き取り調査

6　請負業務の内容

実査準備，実査（配布，システム登録，問合せ・苦情対応，回収，督促），内容審査・疑義照会，調査票の電子化，集計・報告，謝礼支給

［契約期間］平成25年11月1日から平成29年1月31日までとする。

　一方，仮説検証を目的とした調査は，大半の市場調査や一部の社会調査が該当する。事前に仮説を立て，それが妥当であるか否かを明らかにするような形で調査の設計がなされる。したがって，調査の有効性は設定した仮説の適否にかかっている。

　ここでの「仮説検証」は，調査の全体に関する設計意図を含むものであり，調査によっては弱い仮説しかない探索的な段階も含んでいる。

　市場調査は企業等からの委託であっても，調査の企画段階から調査機関が関与することが多いので，仮説の設定に関する能力と経験も必要とされる。仮説の設定においては，企画者である委託元が想定している仮説を的確に聴取することが肝要であり，仮説の前提となっている業務情報，あるいは社会情勢を明示化できれば望ましい。さらに，仮説に関連した過去の調査結果や公開情報と対照して仮説の吟味を行う姿勢が求められる。

　調査の設計においては，次いで，何を対象として調査するのか，その対象について何を調査するのか，どのような方法で調査するのか，調査の地域や時期をどうするのかを検討する。

　調査対象は，人，世帯，事業所，企業が対象となることが大半であるが，交通量調査のように物が対象となることもある。調査対象とする集団は，調査目的に沿って，調査内容，調査地域，調査時期に対応して規定される。その際，調査に紛れが生じないように，調査対象の定義を明確にすることが必要である。なお，調査の特性によっては，調査対象と実際の調査における調査単位が異なることがある。たとえば，個人を調査対象とした調査であっても，必要とする情報の制約から世帯に接近せざるを得ない場合等である。また，結果の利用価値，経費，労力等の観点から調査対象の範囲を限定せざるを得ない場合がある。

　調査項目は，調査目的と対応して決められ，通常，調査票としてまとめられる。一定の様式を備えた調査票を作成し使用することによって，調査すべき事項が明確で，かつ漏れがないこと，および，調査従事者が多数になっても調査を標準化し，均一化できる。その有利性は，社会調査や市場調査で観察やインタビューだけで調査が行われる場合と対比すれば明瞭であろう。調査票の作成の詳細については，「1.4節 調査票の作成」を参照されたい。

　調査方法として，調査対象を網羅的に調査する**全数調査**（**悉皆調査**）と調査対象の集団（**母集団**）から一部を取り出した部分（**標本**）だけを調査し，その結果から母集団についての値を推定する**標本調査**がある。標本調査は，標本の選び方によって，**確率抽出法と非確率抽出法**に大きく分かれる。詳細は「第3章 標本抽出と推定」を参照されたい。また，調査の手段の違いによって，訪問調査，郵送調査，電話調査，インターネット調査等に分かれるが，詳細は「第2章 調査の方法」を参照されたい。

　調査の地域については，対象とする地域の区分として，通常は都道府県・市区町村の行政区分が利用されるが，町丁字の小地域や新規出店の市場調査等では地域メッシュで区画する場合もある。また，人口調査における常住地ベースと現在地ベースの区別のように，属人主義と属地主義のいずれが適切であるかも考慮に入れておくべきである。

　調査期日については，調査対象をいつの時点で捉える，および，いつの事柄を調査するのかを決める必要がある。たとえば，企業を対象として4月〜翌年3月の年度ベースで企業活動を調査するとき，調査時点によって企業の改廃の状況が相違するので，調査結果に影響することになる。また，年度ベースの活動を決算ベースとすることが通例であるが，これを明示しないと混乱する。

§1.3　調査の実施計画

　調査を実施する際に，準備から終了までの各段階について，どれだけの期間を要するかを入念に検討しておくことが肝要である。訪問調査（留置調査）における，調査の設計が確定した後の調査実施・完了までの流れを例示

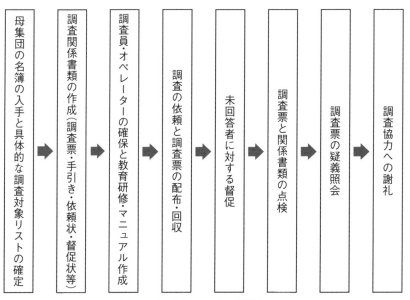

図1.1　調査の流れ（訪問留置調査）

注：具体的な流れは個々の調査設計ごとに若干異なる。

すれば，概ね図 1.1 のようになる。郵送調査，電話調査，インターネット調査，その他調査については「第 2 章 調査の方法」を参照されたい。

　調査対象について使用しうる母集団の名簿は，調査する主体によって異なる。政府等が公的統計調査を実施する場合の多くは，世帯については国勢調査の結果に基づく調査区リスト，事業所・企業については事業所母集団データベースを利用する。調査機関が公的統計調査を受託して調査を実施する場合であっても，これらの母集団情報に直接はアクセスせず，母集団から抽出された標本の名簿を渡されることになる。ただし，府省が独自に保有する名簿情報を母集団情報とした調査においては，受託した業務内容に標本を抽出する工程まで含まれていることがあり，その場合は，母集団から標本を抽出して調査対象名簿を確定する作業も行う。訪問調査で通常利用する世帯・個人に関する母集団情報としては，調査に公益性があると認められたり，結果が公表される場合に，住所，氏名，生年月日，性別が記載された住民基本台帳の閲覧簿を用いることができ，また，特に政治・選挙に関する調査については，市区町村の選挙管理委員会が管理する満 18 歳以上の選挙人名簿を閲覧できる。そのほか，(株)ゼンリンの住宅地図を母集団情報として活用することもある。企業に関する調査においては，(株)帝国データバンクや(株)東京商工リサーチ等の企業情報の活用が考えられる。

　調査関係書類等は，調査方法によって異なるが，調査対象名簿，調査票，調査の手引き，調査票提出封筒，依頼状，礼状，謝礼品等の他，訪問調査においては，連絡用メモ，調査員証等の調査用品を用意する。**調査対象名簿**は，調査対象の把握漏れ・重複を防止し，調査票の配布を完全に行うためと回収した調査票を世帯（個人）番号順や企業番号順に整理するためのものである。**調査票**の詳細と**付属資料（調査の手引き，依頼状，礼状）**については，「1.4 節 調査票の作成」を参照されたい。

　調査員の確保は，国勢調査では 1 調査区が 50 世帯を標準にして設定されており，1 人の調査員が 2 調査区程度を担当していることが 1 つの目安になる。調査対象者の質問等に対応するオペレーターについては，1 日に 2 万〜4 万件ある着信に応答できる体制のコールセンターを用意する。**調査員の研修**は，調査開始前に調査の目的，調査方法，調査事項などの調査内容や手順の他，調査員（オペレーター）としての心構え，調査対象との接し方等，調

査全般にわたって指導する。研修に当たっては，調査の手引き，調査票の記入例，質疑応答のマニュアルなどを使用すれば実際的であり，効果が高い。

　調査票の配布・回収のための期間は，調査内容や調査方法に規定されるので，調査ごとに検討する必要がある。たとえば，世論調査では，調査期間中に調査対象者の意見や態度を変えるような突発的な事件の発生に影響されないように，電話調査では数日程度，調査員訪問調査では 10 日程度に設定されることが通例である。また，その他の電話調査で，調査対象者に勤め人が数多く含まれる場合には，接触可能な機会や回答可能な時間的余裕を考慮して，土曜日・日曜日を少なくとも 1 回，督促期間をいれると 3 回は含む調査期間を設定することが望ましい。

　未回答者に対する督促は，訪問調査においては，調査期間中に調査対象者の在宅時を勘案して，調査機関によっては調査員が最低でも 3 回以上訪問することを指導しており，都市部では 10 回近く訪問する熱心な調査員もいるのが実態である。郵送調査においては，はがきで督促するだけでなく調査票を再送する。督促状を発送する回数とタイミングによって回収率に影響することが知られている。

　訪問留置調査では，調査員は調査票を回収する際に，密封されて提出された場合を除いて，**調査票の点検**が求められる。回収調査票に回答の不備や漏れがないかを確認し，もしあれば，回答の修正を依頼する。調査が終了し，調査票が全部そろったら，調査対象名簿に従って整理し，調査対象名簿と調査票番号，調査対象の名称等が対応していることを確認して，調査本部に提出する。調査本部において，あらためて調査票の記入状況と**関係書類を点検**する。点検作業において，調査票の記入の不備や回答の誤り・矛盾が発見された場合には，電話番号等を把握している事業者調査では，調査本部から直接，調査対象者に電話等で問い合わせて，必要に応じて修正する。この作業を**調査票の疑義照会**という。

　謝礼は，調査対象の協力に対する謝意を表するものとして，一部の調査を別にすれば，若干の金券または粗品を提供することが多い。謝礼を提供する場合は，依頼状の中に記載すると効果的である。

§1.4　調査票の作成

1.4.1　調査票の設計

設計の手順

　調査票の設計は，既存資料の収集から始まる。調査目的と関連する政府や業界団体などの統計，既存の調査報告書などの資料を収集・分析して，調査項目を検討する。実態把握を目的とした調査においては，調査項目数に限りがあるなかで，公知でない情報を調査によって明らかにすることが，調査の有用性を高める。また，仮説検証を目的とした調査においては，適切な仮説の設定が調査の有効性を左右するが，仮説の前提を成す業務情報のほか，仮説に関連した過去の調査結果や公開情報と対照して仮説の吟味を行うことが重要である。

　次いで，調査項目を決定し，各調査項目の質問文と回答選択肢を作成する。同時に，調査票の様式と回答形式を確定し，調査票のデザインを吟味検討する。

調査項目の設定

　調査目的に沿って，どのような事柄を調査すべきかを明らかにし，調査項目として具体化させる。事柄を最初は大きくとらえて，その後に調査目的と対照させながら細分化していって，質問文の形に落とし込む手順が多く用いられている。

　調査項目は，調査の規模，調査員のスキル，調査対象者の能力・気質，調査方法などを考慮して決める必要がある。調査の規模が小さくて，高いスキルを持つ調査員によって面接調査が行われるならば，多少複雑な質問にも的確な回答が期待されるが，そのような状況でない場合が通例である。また，調査対象者に抵抗感がある項目，たとえば貯蓄額，病歴などは，直接聞いても正しく回答してもらえるとは期待できず，間接的に把握できるような工夫を要する。

実態把握のためには調査項目を組み合わせて詳細な実態が明らかになるような，また，仮説検証のためには因果関係を探ることができるような，調査項目を設定することに留意して全体の構成を図ることが望まれる。

調査項目は，対象が個人か企業かによって大きく異なる。個人対象の簡単な調査項目で構成されている場合には 50 を超える事例もあるが，調査対象者の協力が得られやすく，かつ適切に回答してもらえるとの観点から，一般的に 20〜30 程度にとどめ負担感を与えないように努めることが適当と認識されている。

1.4.2 質問文と回答選択肢

ことば遣い（ワーディング）

質問文が調査対象者に正しく理解されなければ，適切な回答を引き出せない。調査内容が質問文に的確に表現されているか否かは，調査結果を左右するといっても過言ではない。たとえば，就業について問うとき，ふだんの状況なのか，一定の期間についてなのか，また，いつの時期なのかを明確にしなければ，回答に紛れが生じる。

質問文（および回答選択肢）のワーディングにおいて注意すべき点を挙げれば，

- 協力をお願いするのであるから，口語体で丁寧なことば遣いとする。
- ただし，冗長な表現は避け，明確でわかりやすくする。
- 差別用語は当然として，極端な言い回しや嫌悪感・反感を持たせるような用語はトラブルを招く恐れもあり，使用しない。
- 不必要な修飾的表現は回答に影響する場合があるので使用しない。
- 専門用語や業界用語はできるだけ避けて，平易な表現にする。
- 固定化した観念・価値観・ニュアンスを内包するステレオタイプ的な用語の使用は避ける。
- 否定的な言い回しは，意味が分かりにくいだけでなく，逆に受け取られたりする危険があるので，できるだけ避ける。

質問文の内容

質問文として適切でなく，避けるべきことは，

- 1つの質問文の中に，判断を求める2つ以上の問いが含まれている質問（二重質問；ダブルバーレル）では，回答できなかったり，調査対象者の判断基準いかんで回答が異なったりする。
- 質問が誘導的になっていると，とりわけ関心が薄い調査対象者に対しては，特定の方向に回答を導くような効果をもたらす。
- 一部の人のみが適切に回答できるような内容について，調査対象者の全体に質問すると，信頼性に欠ける回答となる。

質問文に工夫を要するのは，

- 調査から直接に知りたいことを質問しても，本当の回答が得られないことが予想される場合は，間接的な質問をいくつか用意して，総合的に解析して知りたいことに迫る。
- 他人に知られたくないことを質問しても，正直な回答は得られないので，関連性のある別の質問から接近する。

回答選択肢の設定

回答選択肢の設定について注意すべきことは，

- 質問文に対する選択肢に偏りがないか
- 選択肢に抜け落ちがないか
- 選択肢の数が多すぎて，回答に影響しないか

☕ **ティータイム**　　　　　　　　　　　　　⋯⋯⋯⋯⋯⋯⋯⋯ ●**語順を変えれば結果も変わる**

　質問文は「ある会社につぎのような2人の課長がいます。もしあなたが使われるとしたら，どちらの課長に使われる方がよいと思いますか，どちらか一つあげてください。」で同じだが，選択肢について，同じ意味で語順だけ違う訪問面接調査AとBの比較研究がある。結果は大きく変わった。

【調査A】全国調査の東京分（180人）1966年
甲：規則をまげてまで，無理な仕事をさせることはありませんが，仕事
　　以外のことでは人のめんどうを見ません（12%）

乙：時には規則をまげて無理な仕事をさせることもありますが，仕事の
　　こと以外のことでも人のめんどうをよく見ます（81%）
【調査B】東京23区（440人）1967年
甲：仕事以外のことでは，人のめんどうを見ませんが，規則をまげてま
　　で，無理な仕事をさせることはありません（48%）
乙：仕事以外のことでも，人のめんどうをよく見ますが，時には規則を
　　まげてまで無理な仕事をさせることがあります（47%）

資料：統計数理研究所国民性調査委員会編（1970）『第2日本人の国民性』至誠堂.

回答の形式

　回答の形式は，**自由回答**と**選択回答**に分かれる。質問文に対して自由な回答を求める自由回答形式は，回答に何の制約もないので，オープンエンド型といわれる。自由回答形式による質問は，調査設計者が想定できなかった回答を拾い上げるのに適した方法である。ただし，回答者の負担が大きくなるので空白の回答が多くなる，および自由回答形式の質問が多くなると調査への協力が低下するといった問題がある。自由回答による回答内容は後から符号付けして集計されるので，**アフターコード方式**と称される。符号付けに時間と手間がかかるのも問題である。

　これに対して，質問文に対して回答の選択肢を提示する選択回答形式は，あらかじめ選択肢が用意されているので，**プリコード方式**と称される。プリコード方式では，調査対象者の回答の手助けになる反面，回答傾向を十分吟味して選択肢を設定しないと，回答したい選択肢がない場合には，設定した選択肢に回答を誘導する結果となる。

　選択回答形式には**二項選択型**と**多項選択型**がある。二項選択型は，「はい」，「いいえ」などのいずれかの回答を要求する二者択一の単純な回答方式である。多項選択型は，3つ以上の選択肢から1つあるいは複数の選択肢を選ぶ回答方式である。多項選択型においては，設定した選択肢に該当しない場合に対応して，「その他（　）」の選択肢を設け，（　）内に自由記入してもらうことが望ましい。また，意識や態度の質問で選択肢の個数が多くなる

と，最初や最後が選ばれがちになるとの指摘もあり，選択肢の個数はあまり
多くならないようにすべきである。

　多項選択型の回答方式には，選択肢を1つだけ選ぶ**単数回答（シングル・
アンサー；SA）**と2つ以上を選ぶ**複数回答（マルチプル・アンサー；MA）**
の方式がある。複数回答には，調査対象者が選ぶ選択肢の個数に制限を与え
ない場合と「2つまで」，「3つまで」というように制限する場合がある。ま
た，選択肢の設定の仕方で，**順位法**，**評定尺度法**などの区別がある。順位法
は，複数回答の選択肢に順序性がある場合に，単に選択するだけでなく，順
位を回答してもらう方法である。評定尺度法は，意識や態度を問う調査で主
に用いられる方法で，「賛成」と「反対」等について，二者択一ではなく，5
段階から9段階程度の強度とことば（非常に，やや等）を付けて選択肢とす
る方法である。**リッカート尺度**ともいう。

1.4.3　調査票の構成とデザイン

調査票の構成

　調査票の冒頭の調査名称の後に挨拶文が続く。挨拶文は別紙にするときも
ある。挨拶文には，調査の趣旨のほか，調査実施主体，調査実施機関，調査
対象者の選び方，調査結果の利用，個人情報の提供に関する任意性，個人情
報の利用の限定と適正管理，記入の仕方を記載する。この中で謝礼について
も触れて，回答期限，管理番号，疑問な点への問い合わせ先と担当者名を記
すのが標準的なひな形である。一部は調査票の末尾に置くこともある。

　調査の趣旨の説明は，調査の意義を理解してもらって，協力を取り付ける
ために必要である。調査実施主体の名称からも，おおよその調査の目的が推
し量られる。何故選ばれたのか不審に思う調査対象者は少なくないので，調
査対象者の選出が一定のルールに従って行われており，何らかの恣意性が働
いていないことを了解してもらって，疑問を払拭する。知名度がある調査実
施機関の名称の記載があれば，より信頼性は高まる。調査結果は対象者全体
の特徴を知るためにのみ使用し，個人単独の情報としては決して利用しない
こと，ならびに個人情報は決して外部に流出しないことについて，調査結果
の利用，個人情報の提供に関する任意性，個人情報の利用の限定と適正管理
をわかりやすく記すことで理解を求める。個人のプライバシー意識に配慮し

て，調査票には調査対象者の氏名・住所は記載しない代わりに，調査票の管理のための管理番号，またはバーコード・QR コードを付す必要がある。問い合わせに対応するために，連絡先と担当者名の記載は必須である。記入の仕方は全体にわたるものにとどめ，簡潔を旨とする。また，調査方式によっては，記入の仕方は別資料とする場合がある。

調査票の様式

　調査票の設計において，調査票に誰が記入するかによって，調査票の構成は異ならざるを得ない。調査対象者が自分で記入する**自記式**（**自計式**）と調査員が調査対象者に面接聞き取りする**他記式**（**他計式**）では，調査票の様式もそれぞれ，自記式調査票と他記式調査票に分かれる。自記式調査票は訪問留置調査，郵送調査，インターネット調査等で，他記式調査票は訪問面接調査，電話調査等で用いられる。

　自記式調査は調査票が配布された後，提出されるまで，記入の一切は調査対象者の手に委ねられるので，調査が適切に完了するためには，調査対象者の十分な理解を必要とする。依頼時に調査員から説明を受けても記憶にとどめない場合は多々ある。そのため，調査票の最初のページに，全体にわたる回答に当たっての注意や記入の仕方等をわかりやすく簡潔に示し，個別の質問の注記等については質問と同じ面の見やすいところに配置するのが効果的である。他方，他記式調査票は，調査員の質問に調査対象者が回答する形で記入されていくので，訓練された優秀な調査員であれば適切に調査が完了する。記入の仕方，回答方法等の説明内容は，調査票や調査員用の調査説明書に適切に記載することとなる。

　また，経済センサスのように調査対象者ごとに 1 セットの調査票に記入してもらう**単記式**の調査票による場合と，国勢調査のように複数の調査対象者に対して 1 セットの調査票に記入してもらう**連記式**の調査票による場合では，当然，調査票の構成が相違する。

調査項目の配列と順序

　調査項目の配列と順序によって，調査対象者の負担感は違ってくるだけで
なく，回答にも影響するので，調査票への配置について十分に考慮すること
が望ましい。

　調査項目の配列では，調査対象者が尋ねられることを嫌がるような質問，
よく考えないと回答できない質問から始めると，拒否感や負担感が増す。逆
に，行動や経験などのように回答しやすい質問から始めると調査対象者に受
け入れられやすい。意見や態度を尋ねる質問はその後に配置するのが望まし
い。たとえば，マスメディアの報道に対する意見について質問したいとき，
初めにニュースの入手行動について質問すると，意見についての質問へ円滑
に移行できる。

　調査項目は，関連する項目はまとめるなど，調査対象者の思考の流れに沿
うように配列することも大切である。そして，調査対象者の属性に関する
質問は，最後に配置する。調査対象者の属性についての質問群は**フェイス・
シート**とよばれる。フェイス・シートには個人の年齢・職業・婚姻や世帯構
成などのプライベートな事項も含まれるので，調査対象者のなかにはそのよ
うな質問をされることに抵抗を感じる人も多い。フェイス・シートの先頭に
は，他の調査項目の結果を性別・年齢別など属性別に統計的に集計するため
に必要であることを伝える文章を記して，警戒心に対する配慮をするのが望
ましい。

　前の質問に回答したことで，後に配置した質問に対する回答が歪められる
ことがある。これは**キャリーオーバー効果**といわれている。関連性のある質問
については，順序が適当であるか検討し，適切に配列することが必要である。

▶▶ **コラム ▶▶ Column**　　　　　　　　‥‥‥‥‥‥● 形式と見やすさ・答えやすさ

　スマートフォンの普及で，大きな表形式の質問画面を避けるようになった。
表形式の見やすさや答えやすさは，紙の調査票でも郵送調査では特に重要であ
る。次の表は，形式を変えて結果を比較した研究である。個別形式（質問 A の
み選択肢を表示）と表形式を並べて比較している。

A. 家に帰ると、とりあえずテレビをつける

```
1. よくある
2. ときどきある
3. ほとんどない
```

B. テレビをつけておいて，気になったときだけ目を向ける
C. 他の番組のことや、出演者の情報を重ね合わせながら見る
D. テレビにツッコミを入れながら見る

回答方向 →	よくある	ときどきある	ほとんどない
A. 家に帰ると、とりあえずテレビをつける	1	2	3
B. テレビをつけておいて、気になったときだけ目を向ける	1	2	3
C. 他の番組のことや、出演者の情報を重ね合わせながら見る	1	2	3
D. テレビにツッコミを入れながら見る	1	2	3

資料：小野寺典子（2012）「郵送調査の実施方法の検討（3）〜調査用紙の形式と調査材料〜」『放送研究と調査』（2月号）

　他にも「罫線の使い方」，「質問文と選択肢をフォントで区別」，「質問領域を白抜きでコントラストを出す」等の工夫がある。次の表は，小野寺（2012）を参考に罫線を減らして作った調査票である。

	よくある	ときどきある	ほとんどない
家に帰ると、とりあえずテレビをつける	……1	……2	……3
テレビをつけておいて、気になったときだけ目を向ける	……1	……2	……3
他の番組のことや、出演者の情報を重ね合わせながら見る	……1	……2	……3
テレビにツッコミを入れながら見る	……1	……2	……3

調査票のデザイン

　調査票のレイアウトにおいて，質問文や選択肢が複数行にわたるとき，1つの単語が行をまたがるようであれば，文字間隔を調整するなどの方法で，同じ行に収めることで読みやすい調査票となる。一方，調査票のページ数を減らすために，文字のフォントサイズを小さくしたり，行間隔を狭くしたり，マトリクス形式の質問を多くすると，見づらくなるので好ましいとはいえない。

　質問に対する回答結果によって次の質問が相違するような質問を**濾過質問**（フィルター質問）という。濾過質問においては，矢印などの導線を明記して，次の質問への分岐先を間違えないようにレイアウトを工夫することが求められる。

　調査票の用紙の色は純白ではなく適切な色にすると，他の書類と区別され，調査対象者の注意を惹くことが期待される。また，印字の色との組み合わせにもよるが，白紙に黒色の印字に比べて，ソフトな印象を与える効果も期待される。

1.4.4　プリテスト

　実際の調査（本調査）に先立って，作成した調査票の質問文や回答選択肢，質問の順序，全体の長さなどが適切かどうかをチェックする事前テストが**プリテスト**である。近年，プリテストを行わないで調査を実施する傾向になっているが，調査の品質を向上させるためにプリテストは重要である。

　ここではプリテストを**予備調査**（パイロットサーベイ）とは異なるものとして区別する。予備調査は調査の企画の最終段階で比較的少人数の調査協力者を対象に行うもので，調査の実施にあたって現地の状況を把握し，想定している調査方法の下で調査への協力が得られるかなどを確認するために行われる。

　プリテストの対象者は，大規模かつ無作為に抽出される必要はなく，想定している母集団の対象者の属性などを考慮して選定するのが望ましい。

　プリテストでは，調査票の質問文・選択肢のワーディングに問題がないかを確認することから始まる。対象者によって違った意味に解釈されたり，受け取られるような紛らわしい表現はないか，あるいは対象者が理解できない

専門用語などの難しい言葉が使用されていないかを検討する。特定の価値観を内包するステレオタイプ的な用語を使用していないか，1つの質問文の中に2つ以上の内容が含まれている二重質問（ダブルバーレル）となっていないかを検討し，質問に対する回答に偏りや混乱が生じる可能性がないことを確認する。

　さらに，質問文に対する回答選択肢が適切かを検討する。選択肢の数は妥当か，選択肢として抜け落ちはないか，特定の選択肢だけ表現等が異なっていないかなどを確認する。想定される回答が多岐にわたり，あらかじめすべての選択肢を用意することが困難な場合には，プリテストでは自由回答の質問として，その回答内容から本調査の調査票の選択肢を作成する。また，回答を集計して，それぞれの選択肢が選択されている比率などの回答分布を確認し，選択肢の修正や削除を行う。

　そして，質問の順序および調査票全体の長さが妥当かを確認する。前の質問が後の質問に影響を与えてしまうキャリーオーバー効果は生じないか，回答によって質問が分岐する経路が分かりやすくなっているか，など質問の順序や全体の流れを検討する。各質問の回答に要する時間を計測し，回答の所要時間が特に長い質問がないか，全体の質問数が多すぎて対象者の負担が大きくないかも確認する。さらに，対象者の協力度合い，調査内容に対する関心度なども，プリテストの全体を通して確認される。

　プリテストはより適切な調査票の作成に大きな役割を持つもので，できる限り調査票の作成者が主体となって実施すべきであり，経験豊富な調査員に依頼することが多い。実施に先立って行われる調査員への説明では，調査票の記載内容の通りに実施すること，対象者からの調査内容に関する問いには答えないことなどを指示する。さらに，プリテストの過程でスムーズにいかなかった点や調査に関して対象者から指摘された意見・感想などは必ず書き留めておくように指示する。

　プリテストの終了後，調査に関与した者が全員集まる報告会が開催される。プリテストに参加した調査員，調査の管理者，調査の実施主体がそろって参加する会議を開催するのが望ましい。その場で，プリテストの結果について議論し，明らかになった問題点を集約した上で，調査票の修正に役立てる。

　この報告会を経て，調査票の再検討が行われる。指摘された質問文のワーディングを確認し，わかりやすい表現に改める。選択肢についても回答を集計し，特定の選択肢番号に集中していないかなどを検討する。「その他」のカテゴリーに記載された自由回答の内容から，場合によっては新たなカテゴリーを作成し，選択肢を修正する。キャリーオーバー効果が生じる可能性がある場合には質問順序を入れ替えることや，事前の想定よりも回答に時間を要する場合には質問項目の削除を検討する。プリテストの結果報告によっては，調査方法等も含めて調査の設計そのものを再検討する場合もある。

1.4.5　調査票の付属資料

依頼状

　訪問調査では，調査の実施に先立って，挨拶文と同様な内容で依頼状を送付，あるいは持参して，調査への協力をお願いする場合がある。郵送調査や電話調査では，調査実施時と同時であることが多い。

礼状

　調査完了後に，調査対象者に調査協力への礼状と電話調査・インターネット調査においては謝礼品を送付する。その際，調査員による不正行為を察知しうるような内容を文面に含める場合がある。

☕ **ティータイム**　・・・・・・・・・・・・・・・・・・・・・・・・● 礼状の効果的な活用

　礼状は謝意だけでなくインスペクションと疑義照会にも利用する。訪問調査で謝礼を調査員が手渡しする場合，受領の署名をもらう。金券謝礼であれば受領サインに抵抗感はない。続いて回答内容等の確認について，後日連絡してもよいか，利用目的を示したうえで「同意する・しない」の選択と「電話番号の記入欄」を用意する。この情報が得られていれば，管理者からお礼を兼ねて，調査が適切に実施されたかを電話で確認し（**1.6.1**項も参照），必要であれば回答内容の疑義照会もできる。

調査の手引き

　調査の手引きは，調査の企画者に代わって調査員に調査してもらうための指示書であるので，企画者の意図が的確に伝わるような内容とする。挨拶文に記された内容を十分に修得することに加えて，その背景についても理解できるよう解説しておく。

　調査員が行うべき仕事の内容には，単に調査活動の具体を記すにとどめず，調査員の心得，調査員としての態度，秘密保持の責任についても盛り込むことが必要である。調査対象者から良い心証を得ることが，調査への協力度合いに大きく関係するからである。そのほか，調査日程に従った活動手順や事務手続きのほか，調査員が判断に迷った場合の対処についても具体例を掲示しながら説明する。

　調査票の記入の仕方の説明は，調査対象者に正確に回答してもらえる観点から特に重要である。できるだけ多くの記入例を示しながら，わかりやすい内容とする。

§1.5　実施・運営と費用の積算

1.5.1　調査の実施に向けた運営管理

調査の受託の手続き

　調査機関は国・地方公共団体，または企業から調査を受託した後，直ちに管理・運営体制をつくって作動させる。最初に，委託者と情報を共有し，委託者の要求と齟齬をきたさないように努める。受託した際の仕様書に従い，調査の実施計画の各工程について，運営体制およびスケジュールを明確にし，委託者に報告する。仕様書に必ずしも明示されていない成果物の形式等についても，詳細を委託者に確認する。また，業務の一部を他の業者に再委託する場合についても，委託の内容を明示して，了解を得る。

調査実施に向けた準備作業

　訪問調査においては,「**1.3節 調査の実施計画**」に掲げた各作業を, 調査の運営スケジュールに従って実行する。郵送調査, 電話調査, インターネット調査等の調査実務はそれぞれの特性を活かして異なる工程となるが, それら調査に比べて, 訪問調査には多くの工程が含まれているので, 調査実務全般を理解するうえでの基本となる。

　調査の実施前の作業として, 調査対象名簿が委託者から提供されない場合には, 母集団情報を入手し, 母集団から標本を抽出して調査対象名簿を確定する必要がある。母集団情報として住民基本台帳や選挙人名簿を使用するときは, 抽出した地点の自治体に申請書を提出する。並行して, 調査票, 調査の手引き, 調査票の記入例, 調査票提出封筒, 依頼状, 御礼文書, 謝礼品等の調査関係書類および文房具等の調査関連物品を準備する。

　調査に従事する調査員は, 調査機関が直接雇用する常用調査員, 調査機関に直接登録されている登録調査員, 調査プロジェクトごとにその都度募集・採用するアルバイト調査員から, 調査内容, 地域特性, 費用等を勘案して選定する。質問等に対応するオペレーターについては, 大規模調査の場合はコールセンター設備を持つ会社にオペレーター募集を含めて委託するのが主流となっている。調査員（オペレーターも含めて）の研修は, 調査員説明会を開いて指導する場合のほか, ビデオ録画やオンラインで個別に指導する場合もある。通常, 調査の手引き, 調査票の記入例, 質疑応答のマニュアルなどを使用して行われる。調査員が調査対象者と応対するときには, 調査員証の提示を必須とすること, 調査対象者に信頼されること, 調査票の記入内容の秘密は守られることなどを十分に理解してもらえるように心構えして臨むことを徹底させることが, 回収率を高める上で重要である。そのために, ロールプレイングの手法を取り入れた研修が行われることもある。

調査実施の管理

　調査を適切に実施できるような管理・運営について, 以下に記す。

　調査員調査の開始においては, 名簿で示された調査対象の確認から始まるが, 現地で見つからなかった場合の処置を明確に理解させておくことが必要である。また, 調査員自身が指定された地域から一定の手続きによって調

査対象を選定する調査の場合は，担当地域の範囲の確認方法，調査対象の定義，調査対象名簿の作成手続き，さらに標本調査であれば，調査対象の抽出手続きを熟知して調査にあたらせることが必要である。

調査に先立って調査の依頼を行う際に，調査の目的，意義，秘密保護などを丁寧に説明し，協力を得られるかどうかが調査の成否を大きく左右することを調査員に徹底することが極めて重要である。

訪問調査において，各調査員が調査を実施した1票目または1日目の調査票を調査本部に持参させ，正しい方法で調査が実施されているかを点検することを初票点検という。初票点検は調査の実施過程において大きな役割をもつ。特に面接調査の場合には，調査員が質問の実施手順を理解していないと誤った方法で調査してしまう。初票点検によって，誤りを訂正し，以降の調査を適切な方法で実施できるようになる。

訪問面接により行うと規定されている場合において，調査対象者の健康上の理由等により本人に面接して直接に聞き取ることが困難な場合には，調査票は作成せず調査不能として扱う。また，調査対象者が調査の一部の質問について「わからない」と回答した場合であっても，回答は得られているので，調査票を作成して提出すべきとする。

調査員の調査活動について，調査対象者ごとの訪問日時や所要時間などを記録に残すことを，調査員に対して指示しておくことが重要である。また，委託者との関係でいえば，調査の実施過程において，調査票の回収状況を回収日や地域などごとに記録し，調査の質が確保されていることを報告することが望ましい。

調査票の回収率が低い地域・調査員については，その原因を確認し，対策を講じる。できるだけ早く行動することが肝要であり，必要であれば，調査員を交代させる。

未回答者に対する督促は，やり方によって効果が相違することはよく知られており，それぞれの調査機関が工夫を凝らしている。

訪問調査では，調査員が調査票を回収する際に行う調査票の点検によって，回答の不備や漏れが見つかった場合，調査対象者への確認がしやすく，迅速に対応してもらえるので，調査の正確性に大きく寄与する。調査が終了し，提出された調査票を調査本部があらためて点検し，必要なら調査票の疑

義照会を行う。これらの作業が完了した後の調査票は集計作業に送られる。

調査データの整理

　集まった調査票の調査本部における点検は2段階を経て行われる。最初の人手による点検は，基本的にはデータ入力作業に向けたチェックであり，回答内容を審査することではない。符号付け（コーディング）やデータ入力に際して，読みにくい文字や記号，ならびに選択肢番号への不明瞭な○の付け方を修正するなどを行う。回答の誤記入，記入漏れ，不備などが発見された場合は，調査実施の管理者に戻すのが原則である。この後にデータ入力の作業となる。データ入力の方法は，かつての人手によるパンチ入力からOCR読み取り等の機械入力に徐々に移行している。

　コンピュータ・プログラムによるデータのチェック（審査）は，あらかじめ定められたチェックの方式やチェック項目に基づいて行われる。主な審査の内容として，次のようなものが代表的である。

- 質問の指示通りに回答しているかのチェック（指定された選択肢回答数になっているか，選択肢の個数の範囲内の回答番号であるかなど）
- 該当する質問についてだけ回答しているかのチェック（スクリーニング質問において回答者が制限されている場合に，該当者のみが回答しているか）
- 記入内容に矛盾がないかのチェック（内訳の合計値が全体の値に一致しているか，各項目間の関連性から不合理ではないかなど）
- 記入された内容が許容範囲にあるかのチェック（設定した上限と下限のレンジに収まっているか，外れ値だが正しい回答とするべきかなど）

　データのチェックで発見したデータの誤りを訂正する作業は，データのエディティング，クリーニング，クレンジングと称される。

　分類集計する前段階として，仕分けするのに便利なように，回答内容を符号に置き換える（コーディング）作業がある。たとえば，年齢階級でまとめて集計する場合や，自由回答型の回答に対するアフターコーディングにおいては，回答結果をいくつかのカテゴリーに分類し，各カテゴリーに対応したコード表を作成し，回答を符号付けする。

　以上のデータ整理が終了した後に，集計の作業となる。集計して完成した結果表および集計結果のまとめについては，「第4章4.5節 調査結果のまとめ」を参照されたい。

☕ **ティータイム** ･･････････････････ ● データ入力方法の変遷

　調査データが手集計から機械集計へと切り替わった最初のデータ処理システムは，統計学者の Herman Hollerith 博士によって発明された穿孔カードによる，いわゆるパンチカード・システム（PCS）である。PCS はカード（または紙テープ）をソート/分類することでデータを処理することができ，膨大な統計データを集計する国勢調査などで使われた。コンピュータの登場に合わせて，PCS のカード（パンチカード）はコンピュータへのデータ入力として使われることになる。さらに，カードを介在させずに，コンピュータの磁気媒体に直接，データを入力する方式へと変わったが，その入力作業をする人を「パンチャー」とよぶ習慣は残った。近年では，光学文字認識（OCR）機能を用いて，数字だけでなく文字まで，手入力を介さずに調査データを直接，デジタルデータ化する方向へと少しずつ変化してきた。それに伴い，データ入力の入力内容に誤りがないか，再度打って確認する作業であるベリファイ入力も不要となってきている。ただし，読み取りエラーに対して人が判断して修正・確認する作業は依然として残っている。人間なら読めるが OCR では誤判読する率を減らす技術向上が求められており，2020年の国勢調査では AI 文字認識を導入して，手書きの勤め先の事業内容について認識率を大きく向上させるなど進化が続いている。

業務の外部委託

　調査業務の一部を外部に委託する際，委託内容について十分に透明性が確保されていることが重要である。公的統計調査では調査業務の主要な部分を外部委託することは仕様書で禁止している場合がほとんどである。データ入力，集計作業，印刷等の外部委託についても，調査企画の主体である委託者に事前に承認を得る手続きが必要である。さらに重要なことは外部への委託業務の品質管理基準を調査機関と同じ水準に設定するのは当然の責務であ

り，調査機関は委託者に対して，業務についての全責任を負う。外部委託先の選定にあたっては，委託業務に関する経験の有無，品質水準，効率性，透明性等が主な基準となる。

　外部委託を含めて調査業務の全体を適切に管理できる調査機関としては，日本マーケティング・リサーチ協会（JMRA）会員や ESOMAR（European Society for Opinion and Marketing Research）会員が該当する。JMRA または ESOMAR の実施規約およびこれらの専門機関によって規定されているガイドラインを厳守することを求められている。さらに，強制ではないものの，品質マネジメントシステムに関する国際規格群である ISO9001 の保証条項の遵守が推奨されている。認証制度については「**1.6.1 項 関連法規と認証制度**」を参照されたい。

1.5.2　費用の積算

　調査委託者からの調査依頼に対して，あるいは国・地方公共団体等の調査案件への入札に際して，的確な費用の見積もりが欠かせない。調査業務に要する費用は，採用する調査方法，提出する調査結果等に大きく関連する。また，過去に同様な調査を行った経験があるか否かでも相違する。

　調査業務の費用は，調査の企画，実施前の準備，調査の実施，集計表・報告書の作成等の結果のまとめに大きく分かれる。

　調査の企画については，調査を設計するための人件費と情報収集のための費用が主なものである。大規模な調査において，想定される調査方法を十分に知悉していない場合，あるいは，調査内容，調査地域等に十分な知見を持たない場合には，予備調査を行うことがある。その費用は少なくない。

　調査実施前の準備として，訪問調査の場合は，①調査票作成のための人件費，プリテストを実施する場合には実施費用，②調査対象名簿の作成費（台帳の閲覧費と標本抽出のための作業費など），③調査員，オペレーターの手配・確保のための採用費用，④調査員の教育研修のための会場費，講師費用，資料代，旅費，⑤調査票，調査票の記入例，調査の手引き，依頼状，督促状，礼状の作成費・印刷費，⑥文房具，封筒等の物品費，⑦調査員証の作成費，⑧運搬費 などが主なものである。

　電話調査の場合は，調査機関が自前で実施する場合は，通信機器のレンタル費用，通信回線等を備えた会場を用意して電話調査システムを設置することになるが，通常はすでに設備を持っているコールセンターに委託する。調査の実施部分の費用に委託費を加えることで全体の費用を算出する。インターネット調査の場合も初期費用としては，WEBサイト構築の費用のほか調査対象者向けの操作マニュアルの作成などが必要だが，通常のインターネット調査の運用費用は異なる価格体系になっている。数百万人の調査モニターの募集・維持費用が大きく，システムの初期構築とバージョンアップが調査機関の負担として大きいが，個別の調査に直接的に価格転嫁するわけではない。多くのビジネスモデルは低い単価を設定したうえで，非常に多くの調査を実施する構造になっている。

　調査の実施において最も大きな額を占めるのは，訪問調査，電話調査の場合は調査員手当である。調査員手当の算出方法には，稼働日数に日当を乗じる方法と担当する調査対象数，あるいは有効調査票数に対応した報酬単価を乗じる方法があり，後者が通常である。調査員手当は交通費も含めて，調査の実施に伴う費用の50％〜60％が通例である。また，調査員の管理やインスペクションの費用も発生する。一方，郵送調査の場合は，郵送費および調査対象者と対応するオペレーターの人件費が大半を占める。その他，調査期間中に調査本部からの挨拶状，督促状，礼状の郵送料が適宜必要となり，調査終了時には調査対象者に謝礼が支払われる。インターネット調査の場合は，稼働中のシステム管理の費用などが発生する。

　データの編集については，データチェック，コーディング，データ入力の費用が発生する。人手による場合は人件費，機械による場合は機器の使用料・ソフトウェアの開発費が計上される。結果のまとめに要する費用は，委託者の要求する内容や水準によって大きく相違する。調査結果の報告会が設定されている場合には，プレゼンテーションのための資料作成が必要であるし，詳細な分析結果を求められる場合には，高度な分析者の参加が必要となる。

　上記の業務の一部が外部に委託された場合は，当該業務に係る費用は外注費として計上され支払われる。

§ 1.6　調査の品質と業務の管理

1.6.1　関連法規と認証制度

統計法と個人情報保護法

　2007 年に全面改正された**統計法**は，公的統計調査の実施等において，国民から提出された調査票情報の秘密を保護するために，適正管理義務，守秘義務を規定している。調査票情報等の取扱いに従事する職員等や当該事務の受託者等には，その情報に関する適正管理義務や業務に関して知り得た被調査者の秘密を漏らしてはならないという守秘義務があり（第 39 条，第 41 条〜第 43 条），違反した者に対しては罰則が定められている（第 57 条，第 59 条，第 61 条）。公的統計調査の受託者に対して，調査票情報の管理について，責任者を明確に定めた情報セキュリティ体制を整備し，管理マニュアルに従って対応することが求められている。統計法の詳細については，『**経済統計の実際〜統計検定統計調査士対応**』（**日本統計学会編**）を参照されたい。

　個人情報保護法は，専ら民間において個人情報を大量かつ組織的に取り扱う者に対する規律を定めている。このため，国や地方公共団体が統計調査を行う際には，基本的に個人情報保護法との関係は生じないが，調査事務や集計事務を民間委託する場合には，業務を受託した民間業者は個人情報保護法に規定される各種義務を遵守する必要がある。個人情報保護法では，個人情報について個人を特定されないための匿名加工を要求している。また，匿名加工された情報を利用するにあたっては，元の個人情報の本人を識別する目的で他の情報と照合することは禁じられている（個人情報保護法第 36 条第 5 項）。

　調査実施段階では，実務上の必要性から調査対象名簿に氏名，性別，住所，生年月日等のほか，管理番号が記載され，調査票にも管理番号が振られており，さらに電磁化したデータにも管理番号が入力されていることが多い。この管理番号を用いて照合すれば，特定の個人の回答を識別することが可能であるので，データの編集が終了した時点，あるいは集計・解析作業が終了した時点で，つまり実務上，管理番号が必要でなくなった時点で，管理番号を

消去する，あるいは調査対象名簿との対応を断って匿名化することが求められる。また，自由記入等で個人が特定されるような記述についても，該当箇所の消去を行うことが必要となる場合が生じる。

　日本マーケティング・リサーチ協会（JMRA）では，かねてから日本産業規格 (JIS) の個人情報保護マネジメントシステム－要求事項（JIS Q15001）に沿って，マーケティング・リサーチ産業個人情報保護ガイドラインを定めてきた。個人情報保護法が 2017 年に改正されたことに伴い，個人情報保護の強化を目指して，JIS Q15001 も改定された。調査で収集したデータには個人のプライバシーに関わる情報も含まれているので，調査対象者のプライバシーに関わる情報の保護は，調査機関に課せられた課題である。個人情報保護法および JIS Q15001 の改定に伴い，JMRA はガイドラインの改定を行い，個人情報保護をさらに強化した。改定されたガイドラインでは，保護対象の個人情報を氏名，住所，性別，生年月日，顔画面等の個人を識別できる情報から拡げて規定し，調査実務における個人情報の取得にあたっては，調査対象者に事前に書面によって明示し，本人の同意を得なければならないとしている。

　プライバシー・マーク制度は，JIS Q15001 に適合した個人情報の適切な保護措置を講ずる体制を整備している事業者等を認定して，プライバシー・マーク（P マーク）を付与し，事業活動に関して P マークの使用を認める制度である。P マークは，日本のさまざまな業界で多くの認証が行われているが，調査に関しては，JMRA がガイドラインに準拠して，調査機関等に対して P マークの認証を行っている。認証においては，調査実施段階における個人情報保護のみならず，記入済み調査票や電磁化されたデータの保管方法，調査従事者のこれらへのアクセス制限，ネットワーク上を含む受け渡し方法等について，さまざまな要求事項を掲げている。また，最低 1 年に 1 回，認証された調査機関内における内部規定と運用が，P マーク制度の要求に適合しているかの内部監査の実施を要求している。JMRA による外部監査は，2年に 1 回実施される。

第三者認証制度

　国際標準化機構（ISO：International Organization for Standardization）
では，さまざまな領域における標準を規定・発行し，国際標準の普及を目指
した活動を行っている。調査データを含む情報も，国際間の交渉・取引等
で利用されるため，ISO では調査におけるプロセスを規格化した ISO20252
を制定・発行しており，日本にも導入されている。調査一般に適用される
ISO20252 は，適用対象を市場調査，世論調査，社会調査としている。組織
認証ではなく製品単位，すなわち調査区分ごとに適用する製品認証である。
したがって，認証された調査機関が，調査区分ごとに適用するかどうかを選
択できる。日本における ISO20252 の調査区分の主なものを記すと，

A. 調査員訪問型定量調査：訪問面接調査，訪問留置調査等

B. 調査員介在型定量調査：電話調査，来場者調査，観察調査等

C. 調査員非介在型定量調査：インターネット調査，郵送調査，装置設置型
　　調査等

D. 定性調査：グループ・インタビュー，デプスインタビュー等

　認証の有効期間は 3 年で，1 年ごとにサーベイランスが課せられ，3 年を
経過すると更新のために認証を受けることとなる。なお，2019 年に産業標
準化法（JIS 法）が改正され，国際的な品質管理規格である ISO20252 が JIS
化され，国家規格となった。今後はこの JIS 認証を受けることが，国際的な
ISO 認証を取得するのと同等とみなされることとなる。

コラム ▶▶ Column ・・・・・・・・・・・・● **ISO の調査プロセスへの適用**

　2005 年 7 月に ISO/TC225（市場・世論・社会調査）国際委員会がベルリン
で国際規格の最終ドラフト FDIS を可決し，TC69（統計を扱う技術委員会）と
の協議・調整を開始することを決めた。
　JMRA は TC225（Technical Committee）の国際会議に日本を代表し専門
委員を派遣して意見を反映させ，市場・世論・社会調査の国際的な品質管理基
準である ISO20252 が 2006 年に発行された。これを受けて JMRA はマーケ
ティング・リサーチ規格認証協議会を発足し，ISO/TC225 国内委員会と兼ね
て ISO20252 の普及活動を加速した。
　その後，国際的にはパネル調査（ISO 26362: 2009）が ISO20252 に統合さ
れ，ビッグデータ解析［Digital analytics and Web analyses］（ISO 19731:

2017）も将来は ISO20252 へ統合される動きがある。

　一方，国内では統計委員会から日本品質管理学会への研究委託として，品質管理学会規格 JSQC Std 89-001:2016「公的統計調査のプロセス−その指針と要求事項」が 2016 年に作成された。これは ISO 20252 の第 2 版を公的統計分野の実状に合わせて適用可能としたもので，総務省，経産省，厚労省，内閣府（当時の統計委員会担当室），日本銀行，JMAR，日本能率協会が策定に当たり，総務省政策統括官室による府省横断の品質保証ガイドラインにつながっている。

1.6.2 調査業務の管理と監査

　調査業務に関わる者は，調査に関する法的要求事項，業界規定を理解していなければならない。調査委託者からの提供情報は調査に関してのみ使用するものであり，調査委託者の許可なく第三者に利用させてはならないという秘密の保持もこれに相当する。調査機関は実施される全ての工程に関して，常に全面的な責任を負う立場に立たなければならない。

　ISO20252 も指摘するように，調査結果の公表については，調査委託者に加えて調査機関も相応の責任と義務を負う。公表の形式と内容について問題がないことを確認するため，公表が予定されている場合は，事前に相談する機会を持つよう調査委託者に要請することが肝要である。また，調査の実施・結果について発生した問題・苦情は応急的な対応にとどめることなく，根本的な原因を明らかにし，是正・再発防止措置を講ずることが必要である。

　調査員活動に関わる一般的なルールとして，調査員が個人的な判断のみで調査対象者の質問に答えたり，回答を決めつけたりしてはならない。調査対象者から調査内容に関する疑問や質問があった場合の回答の仕方は，事前に定めておく必要がある。また，データ・クリーニング（欠票状況の確認，無記入・誤記入・矛盾等の修正）を確実に行うことが求められている場合に，回答の矛盾点の修正などは調査員の判断に委ねてはならない。

　調査員に対して目標とする回収率を示し，それ以上の回収率の達成に努めるように指導することは，調査の品質を確保するために必要である。ただし，調査員が，回収率を高めることを優先するあまりに不適切な対応を行うことのないよう留意しなければならない。

　監査（**インスペクション**）は，調査員の活動が適切であったかどうかについて，第三者の観点から評価するために行うものである。したがって，インスペクションの対象者である調査員とは別の人が行うのは当然である。留置調査や郵送調査による自記式（自計式）調査で，回収された調査票が間違いなく調査対象者本人によるものであるか，調査員が回答を記入したものではないか等の検査が必要である。インスペクションは，ISO20252においても，全ての定量調査について実施が求められている。

　インスペクションは，対面，電話，郵送，電子メールなどの方法を適宜，使い分ける。インスペクションの結果，1つでも不正票が発生した場合にはその調査員が担当したすべての調査票についてインスペクションを実施する。不正票についてはすべて再調査を行うことが原則であり，再調査が不能であった調査票は集計から除外する。不正票の主な内容は，メイキング，スキッピング，代理記入である。メイキングは調査を実施せずに調査員が自ら調査票に記入し，完成させる不正である。スキッピングは，調査は実施するが，面接調査において調査票の一部しか調査対象者に質問せず，残りの質問については調査員が自ら記入する不正や，留置調査で記入漏れ箇所を調査員が自ら記入する不正である。代理記入は調査対象者以外の家族などが回答してしまうケースである。面接調査や留置調査で調査対象者が不在などで回答できないため，調査員が調査対象者に代えて在宅の人に回答を依頼する不正のほか，調査員の依頼の仕方が曖昧なために，依頼された側が調査対象者を指定されていることを認識していないためにおこる不適切である。

　インスペクションは，調査回答者から対象者を無作為に抽出して，調査協力の御礼を兼ねて実施することが多い。訪問調査に関するインスペクションの方法と時期については，JMRAが次のような基準を設けている。

1　訪問日時（訪問の確認）とテーマ領域
2　調査方法が指示通りであったか（面接・留置など）
3　対象者が指示通りであったか
4　回答選択肢のカードなど提示物が指示通り使用されたか
5　調査員の態度・印象の確認（服装・ことば遣いなど）
6　事実に関する項目について，2問以上の再質問結果
7　調査所要時間の概算確認
8　謝礼品の受領確認（金券においては額面も）

2. 調査の方法

この章での目標

■ データを収集するための調査の種類とそれぞれのデータの特徴を理解する

■ さまざまな調査方法の特性と実施の手順を知る

■ 調査目的に照らして，ふさわしい調査方法を選ぶ判断力を養う

■■■ **Key Words**

- 実験データと調査データ
- 量的調査，質的調査
- 訪問調査，郵送調査，電話調査，インターネット調査，装置型調査，パネル調査

§ 2.1 調査とデータの性質

2.1.1　実験と調査

　調査はデータを集める有力な手段である。調査の種類を示すに先立って，より広く「データの集め方」の観点から調査の性質を確認しておこう。

　科学的にデータを収集する方法として，実験と調査がある。ここでの実験とは実験計画法によってデータを得る方法を指す。実験計画法の大きな特徴は，結果に影響を及ぼす要因となる因子の効果を検証するために，因子およびその水準を計画的に操作する点にある。検証対象とした因子以外の影響を除去するために，因子の他の要因は制御する。たとえば，新薬の効果の評価においては，被験者を実験群と対照群の 2 つのグループに無作為に割当てて，実験群に新薬，対照群に偽薬を投与する。このように無作為に割り当てして他の要因を制御することによって，要因となる変数から結果変数への効果を統計学的に検証することができる。

　調査は実験とは異なり，要因となる変数の操作や因果関係を示す変数に関連のある交絡変数が制御されていない。制御したくてもできない状況が普通である。たとえば，物価上昇が消費に与える影響を把握するために，調査によってデータを収集するとしたとき，物価を人為的に上下させることは困難であるのみならず政治経済的にも不可能である。したがって，要因となる独立変数と結果を表す従属変数の因果関係について，調査データからは実験データのような強い結論を主張できない。独立変数の水準を制御できないことに加えて，独立変数とは別の交絡変数が従属変数に影響している可能性を完全には排除できないためである。他方，ある母集団から標本を確率抽出することで，標本データから母集団の特性を統計学的に推測することは可能であり，それが調査の重要な考え方を成す。

2.1.2　量的と質的

　調査結果はデータ化されて分析される。データは第 4 章で説明するように，量的データと質的データに大きく分類される。統計調査，特に企業関係

の調査では金額などの数量を回答してもらう質問が多い。一方，市場調査，世論調査，社会調査では，統計調査とは異なり，質問のタイプとして選択肢から回答を選ぶ形式が多く，数値の記入を求めることは少ない。年齢のような数値データを調査するときでも回答しやすくなるようにカテゴリ化した選択肢にする場合が多い。人間の心理や態度などの測定において，実際に回答者に質問して回答を得られやすい尺度を考慮した結果である。

　一方，量的調査と質的調査という区分もあるが，量的データと量的調査，また質的データと質的調査という対応関係はない。市場調査などの量的調査において，質的データの質問が多いことは先述のとおりである。量的調査と質的調査におおむね対応する方法上の区分として，統計的方法と事例的方法があり，両者を区別する上での重要な違いは，集団の傾向を明らかにしたいのか，個体や少数の具体例を知りたいのか，という点である。

量的調査

　我が国の失業率を推定する，ある商品の市場シェアを明らかにする，このような統計的あるいは数量的結果を得るために実施されるのが量的調査である。母集団から確率抽出した標本データから統計的に母集団を推定する手順が基本となっており，これを統計的方法とよぶ。量的調査の規模は一般に質的調査より大きい傾向がある。調査事項については，第 1 章で説明したように，質問文と選択肢を統一しておき，データの集計が容易になる設計をする。

質的調査

　調査対象者にインタビューして発言を集める。ある期間を一緒に生活して参与観察した見聞を，文字や音声や映像で記録する。新聞・テレビ・日記・会話などから文字情報を集める。これらを分析して，洞察と解釈によって結論と知見を導く。このような調査方法を総称して質的調査，あるいは事例的方法という。調査対象数は少ない場合が多く，1 人の場合もありうる。

　社会学，民俗学，人類学などの分野では質的調査が活用されてきた。市場調査でもある程度利用されている。個別の深層インタビューや数人のグループによるフォーカス・グループ・インタビューは広告調査や商品開発調査で利用されている。自由な発言から本音に接近する点に方法上の特徴がある。

§2.2 主な調査方法の概観

次節以降で6種類（訪問調査，郵送調査，電話調査，インターネット調査，装置型調査，定点調査・パネル調査）の測定法（調査の実施方法）を説明する。ここでは各手法の特徴を対比して概観する。

測定法は抽出法（「第3章 標本抽出と推定」）と関連しているものの，別個に議論することが重要である。「誰に質問するか」と「どのように質問するか」を分離して整理すると理解が容易になるからである。

訪問調査

調査員が調査対象者を訪問して，調査への協力依頼を対面で実施する。調査への回答方式で面接法と留置法に分かれる。面接法では調査員が質問文を読み上げ，回答の選択肢を調査対象者に示して調査員が回答を記入する。他者が回答を記入するので他記（他計）式という。留置法では調査票を調査対象者に預けて，調査員が再訪問して回収する。調査対象者自らが回答を記入するので自記（自計）式という。面接法では調査対象者の時間を拘束するが，留置法では調査対象者の都合のよい時に回答ができる。

郵送調査

調査員を使わず調査票を調査対象者に郵送する。調査への協力依頼状も同封し，回答記入後に調査票を返送してもらう。自記式（自計式）の回答方法である点は，訪問留置法の持つ特徴とほぼ同じである。

督促や疑義照会を実施する場合は，訪問はしないものの，郵便のほか電話やインターネットも利用される。訪問調査より回収率が低く安価な手法であると説明されることが多かったが，督促や疑義照会を適切に実施すれば回収率は向上する。

電話調査

オペレーター（調査員）が電話をかけ，調査対象者に調査への協力を依頼する。調査は音声のみのやりとりで実施される。質問紙を使うPAPI

（Paper and Pencil Interviewing）とよばれる方式もあるが、近年ではCATI（Computer Assisted Telephone Interviewing）とよばれるシステムを使う方式が利用されている。CATIでは調査票は画面に表示される。回答データは、調査の進行中にオペレーターによってシステムに入力、登録される。電話調査は迅速に実施できる利点があり、報道機関が実施する世論調査の中心的な手法として使われている。

　固定電話が大半の世帯に普及したことを背景に、電話調査は1980年頃から有効な調査手法として採用された。携帯電話の普及に伴い、最近では固定電話だけでなく、携帯電話も対象とする電話調査が一般化しつつある。固定電話と携帯電話への調査の違いを世論調査の視点で比較すると、表2.1のように整理できる。

表**2.1**　携帯電話と固定電話の違い

携帯電話	固定電話
個人と対応しているので、電話に出た人に調査する	世帯と対応しているので、世帯内の有権者を確率抽出して調査する
調査実施中のいつの時間帯でもつながり、回答を得られる	時間帯によって、つながりやすさの差がはっきりしている
若年層の回答を集めやすい	高齢層が多くなる傾向がある
女性の回答が少ない	女性からの回答も得られる
電話番号からは居住地域がわからない	居住地域をほぼ特定できる

インターネット調査

　調査員を使わない点では郵送調査と同じだが、信書郵便ではなく電子郵便（メール）で、調査への協力依頼を実施する。調査票も紙ではなくウェブ画面である。測定手段は対面・対話・郵便ではなくオンラインが基本であり、現在のところ最先端のアクセス手段だといえる。インターネットが普及した2000年以降にインターネット専業の調査会社が相次いで設立され、最初に商業ベースでの利用が広がった。オンライン調査、ウェブ調査ともよばれる。

　標本抽出法としては、さまざまな現実的対応が模索されているが、日本で普及したビジネスモデルは大規模な調査モニターを用意することで「安価で迅速な」調査サービスとして提供された。

次の 2 つの図はインターネット調査の位置づけと状況の変遷を示している。

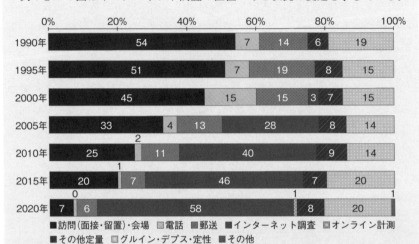

資料：日本マーケティング・リサーチ協会「経営業務実態調査」

図 2.1　市場調査業界における調査手法別の売上高構成比の推移

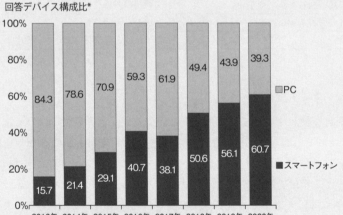

*主要調査会社 5 社の平均値
資料：日本マーケティング・リサーチ協会「インターネット調査品質委員会」調べ

図 2.2　インターネット調査における回答デバイスの構成比の推移

　図2.1から市場調査業界におけるインターネット調査の売上高構成比の推移をみると，2000年はわずか3%であったが，2020年には58%となった。特に2020年は新型コロナ禍の影響によって，対面でのインタビュー調査が中止になったり，訪問調査の実施が困難になったこともあり，インターネット調査の構成比がより一層高まった。

　図2.2にみるように，インターネット調査が始まった頃は，WEB調査画面で回答できる端末はPCのみであったが，2010年以降はスマートフォンの普及により，スマートフォンから回答する人が増加してきており，2020年にはスマートフォンからの回答が6割を占めている。

装置型調査

　データを収集する装置を使う調査で，調査員を使わない。原則として対象者に回答を求めることもない。対象者の購買行動や情報行動の記録を「自動的に」集める手法である。テレビの視聴率調査，POSデータ，レシートデータ，アクセスログなどがある。収集されたデータは行動の実態記録として正確性が高く，詳細かつ大規模という特性があり，いわゆる「ビッグデータ」の範疇に含まれる。

定点調査・パネル調査

　定点調査という用語は，必ずしも特定の測定法として定義されるものではない。定点調査とは定期的に実施する調査という程度の意味である。一方，パネル調査は，調査対象をパネルとして固定して，同じ調査対象（パネル）に繰り返し調査を実施することを指す場合が多い。ここでは，定点調査とパネル調査を一緒に扱うが，組み合わせて調査が行われることを意味するものではない。

　定点調査はパネルに対してだけではなく，調査のたびに異なる標本に対しても実施される。典型的な事例は報道機関による世論調査である。他方，パネルを編成して実施する調査において，不定期に実施する場合も多い。

§2.3 訪問調査

訪問調査に関しては,「第 1 章 調査の企画」でも解説している。本節では重複する部分は触れていないので, 第 1 章も参照されたい。

2.3.1　長所と短所

訪問調査の長所と短所は, 調査環境の変化によって相違してくる。近年は, 生活時間, 住居形態, プライバシー意識, 新型コロナウイルス感染症などの環境変化を背景に, 対面を避ける傾向が社会的に定着しつつある。

調査員の介在は長所・短所と表裏の関係にある。調査員の力量が高いことを前提としたいが, 多数の調査員の技量は一定ではない。調査員教育や募集が困難になれば長所が短所になりかねない。つまり次項以降に示す実査管理は, 長所を維持し短所を克服するための技術だと考えることもできる。

訪問調査の長所

- 調査対象者が本人であることの確認が容易で正確性が高い
- 調査員から調査への協力依頼と趣旨説明が直接できる
- 面接法では調査対象者からの疑問に即座に対応して誤解を回避できる
- 面接法では比較的複雑な調査内容でも回答を得られる
- 面接法では比較的多くの質問事項があっても回答を得られる
- 面接法では純粋想起法の質問ができる
- 留置法では回答する時間を回答者の都合に任せられる
- 留置法では資料等を確認して回答することが可能な調査ができる
- 留置法では回収の際に調査票の回答状況を確認できる

訪問調査の短所

- 見知らぬ調査員と対面することを警戒する調査対象者に拒否される
- オートロックマンションでは調査対象者と対面することが難しい
- 新型コロナウイルス禍（2020 年）以降は対面が難しくなっている
- 昼間（調査員の活動時間）に在宅していない人には調査できない

- 調査員が多数必要となり人件費を中心とするコストが高い
- 事前の準備に時間を要するので調査を迅速に行えない
- 面接法では回答しにくい機微な質問等に偏りが生じやすい
- 面接法では調査対象者の時間を拘束しなければならない
- 留置法では代理回答を完全には防止できない（調査員の確認に限界）
- 留置法では純粋想起法の質問ができない（調べて回答できる）

☕ **ティータイム** ・・・・・・・・・・・・・・・・・・・・・● 面接調査の回答の偏り

　面接法の短所に「機微な質問等に偏りが生じやすい」とある。これは調査員が面前にいると回答を変更してしまうバイアスである。留置法あるいは郵送調査では正直な回答を得られるという。同じ調査票を使って同時に実施した訪問面接調査と郵送調査を比較して，影響が出た質問の実例を示す。

あなたは，日頃の生活の中で，悩みや不安を感じていますか。それとも，悩みや不安を感じていませんか。		
選択肢	面接調査	郵送調査
感じている	15%	33%
あまり感じていない	23%	15%
感じていない	11%	3%
お宅の生活の程度は，世間一般からみて，どうですか。		
選択肢	面接調査	郵送調査
中の中	58%	51%
中の下	21%	26%

資料：平成25年度 調査研究「社会意識に関する世論調査（郵送調査）」報告書. 内閣府大臣官
　　　房政府広報室（世論調査担当）
　　※回答の割合（%）は整数に四捨五入（元の報告書では小数点以下1位表示）

　どちらが正直（事実）なのか。実態調査と異なり意識調査では，測定方法を変えると結果も変わる。調査方法（測定刺激）の特性を知ったうえで，調査目的に沿った手法を選び，解釈の際にもそれを忘れないことが大切である。

2.3.2　標本抽出法

　訪問調査では調査対象者の住所と氏名を記載した名簿が必要となる。した
がって，調査対象者を抽出するための標本抽出枠（枠母集団）にも住所と名
称が記載されていることが理想的である。実際には完全な情報を入手できな
い場合もあり，個別の状況に応じた標本抽出法を適用する。

標本抽出枠

　調査対象が世帯や個人の場合の抽出枠としては，住民の氏名，生年月日，
性別，住所などが記載された住民票から編成された住民基本台帳がある。対
象者の範囲が有権者であれば，住民基本台帳から作成される選挙人名簿が便
利であり，世論調査で使われている。ただし，民間の調査機関が利用する際
には，利用目的によって制約が課せられ，市場調査や社会調査では利用でき
ない場合が多い。また，全国一律の基準で運用されていないため，実際の利
用にあたっては，市区町村に閲覧申請書を提出して判断を待つことになる。
　世帯や個人を対象とした標本調査で，住民基本台帳や選挙人名簿を閲覧で
きない場合は，代替手段として住宅地図や国勢調査区地図を利用する。住宅
地図は民間企業がデータベースとして提供するサービスを使えるが，国勢調
査区地図は総務省に申請して閲覧する手順となるため，かなりの時間と労力
を必要とする。
　調査対象が企業や事業所の場合の抽出枠としては，国が作成する事業所母
集団データベースがあるが，その利用は公的統計調査に限定されていて，民
間の調査機関は利用できない。そのため，民間企業が構築して提供している
企業・事業所の名簿を購入するのが一つの手段である。他には，有価証券報
告書を提出している上場企業等の情報を名簿として活用する方策もある。こ
れらの名簿は必ずしも標本調査を目的としたものではないため，利用範囲に
制約が生じることは避けられないものの，企業の基本的属性もデータベース
化されているので，複雑な抽出条件があっても迅速に企業等を抽出できる。

標本抽出

訪問調査は調査員が調査対象地点を歩いて訪問するので，実査の効率性の観点から多段抽出法が適用されることが多い。1人の調査員が歩いて調査できる適正な規模を考慮して標本設計する。たとえば，第一段階では調査地点として町丁字等を第一次抽出単位（PSU）として抽出する。第二段階では抽出されたPSUから，世帯あるいは個人を第二次抽出単位（SSU）として抽出する。これは二段抽出法である。全体の標本の大きさが決まっており，SSUの大きさを調査員が担当できる大きさに設定すると，その結果としてPSUの数も決まる。

多段抽出法は単純無作為抽出法よりも標本誤差が拡大するので，層化抽出法を併用する場合が多い。層化抽出法は単純無作為抽出法よりも標本誤差が縮小することを期待できるからである。層の作り方は，調査テーマに関係する。調査テーマの観点から同質と考えられる地点を同じ層にすることが多い。たとえば，大都市地域と農村地域を別々に集めて都市層，農村層などとする。多段抽出と層化抽出を組み合わせた標本抽出方法は層化多段抽出法とよばれる。

層化抽出法においては各層の標本の大きさを決める必要がある。世帯や個人を対象とする市場調査・世論調査・社会調査では，層の大きさに比例した比例割当を使う場合が多い。世帯や個人を対象とする調査では，各調査対象者の重みが等しいとして扱うことが妥当な状況が多いためである。企業を対象とする調査では，従業員数や売上高などの指標が調査内容に関連する場合は比例割当が適切ではないことがある。

世帯や個人を対象とする訪問調査における多段抽出では，PSUを規模比例確率抽出（確率比例抽出）し，SSUを等確率抽出する。PSUは世帯数などの規模が大きいほうが抽出される確率が高くなるよう，規模に比例させる。SSUは抽出されたPSUの中から等しい確率で所定の数を抽出する。住民基本台帳などの名簿から抽出する場合は系統抽出法で選ぶ手順が現実的である。

これは訪問調査では調査員が担当する調査地点の対象者（SSU）数が同じほうが調査を実施するうえで管理しやすいという事情がある。理論的にはPSUを等確率で抽出し，SSUを確率比例抽出しても最終的な抽出ウェイト

は等しくなる。ただし，各地点で対象者数が異なるので，非常に多数が対象者となる地点を担当する調査員に対して，現実的に調査を完了できないか，過大な負担を課す状況となる。調査員に支払う報酬は担当する調査対象者数に関連するので，調査員管理の面でも不都合が生じやすい。

多段抽出法，層化抽出法，系統抽出法，規模比例確率抽出法などの理論的側面と具体的な実施法については「**3.2**節 さまざまな標本抽出方法」を参照されたい。

エリアサンプリング

市場調査などで住民基本台帳の利用申請が認められない場合，全国を調査対象として1万人程度の標本規模で，層化二段無作為抽出法を適用することを計画したとする。

この場合，世帯数や人口に関する母集団情報は住民基本台帳や国勢調査の集計結果から分かっているので，第一次抽出単位（PSU）である地点の抽出までは机上の作業で完結できる。問題は世帯や個人（SSU）を台帳や名簿から抽出できない点にある。そこで住宅地図を使う。調査員は現地に訪問して調査地点の住宅を系統抽出する。つまり世帯を抽出することになるので，個人が調査対象である場合は，世帯内から対象条件に該当する世帯員（個人）をさらに無作為抽出する段階が増えることになる。

調査員は住宅地図情報も踏まえつつ，現地で世帯のリストを作成する。この結果を世帯数統計と比較すると，必ずしも完全には一致しないであろう。集合住宅における空室や二世帯住宅などに関する情報の不足や，調査時点のずれなどが要因である。系統抽出した世帯が協力してくれたか否かを世帯リストに記録して依頼段階での協力率を算出するためにも，現地での世帯リストの作成が求められる。

このような標本抽出法をエリアサンプリングとよぶことがあるが，この呼称はやや曖昧に使われている（**3.2.4**項「多段抽出法」を参照されたい）。抽出の手順として「名簿」を使うか「現地」で作業するか，という違いがあるが，系統抽出の理論を適用するという点では同じである。また，PSU（地点）の抽出において相違はないので，地点（エリア）抽出の方法を指すわけでもない。むしろ，エリア（現地）において対象者をサンプリングする，という

意味で使われていると判断され，この呼称の使用には注意が必要である。

☕ **ティータイム** ・・・・・・・・・・・・● 訪問調査の層化二段無作為抽出

典型的な全国規模の調査員による訪問面接調査である統計数理研究所「日本人の国民性調査」は層化二段無作為抽出法を採用している。2013年に実施された第13次調査では，全国を6層に分け，各層から400町丁字等を規模比例抽出（確率比例抽出）で選んだ。標本の割当は比例割当を適用し，抽出した町丁字等の住民基本台帳から平均16人を系統抽出（等間隔抽出）で選んだ。合計6400人が計画した標本の大きさである。

2.3.3 協力依頼

事前に郵送する依頼状だけでなく，調査員が最初に訪問した際に，調査対象者に渡す依頼状も作成する。郵送した依頼状を調査対象者（や同居人）が「見ていない」という場合もある。重要なのは，調査員自身が口頭で調査について趣旨説明して調査への協力を得ることであって，依頼状を手渡すことではない。

調査対象者が不在で会えなかった場合に，訪問したことの事実と趣旨を含めた挨拶状も用意する。ポストに投函しておけば再訪問の際のコミュニケーションに役立つことを期待できる。調査員自身の手書きによるメモを添えるのも良い印象を与える場合がある。

なお，調査内容によっては，事前に依頼すると調査結果に影響を与える場合もあるので，文面を工夫するか，依頼状を事前には郵送しない判断もある。

2.3.4 調査員教育

面接法では調査員の影響力が大きい。すべての調査員は同じように調査を実施しなければならない。対面して会話で測定するのであり，調査員に求められる能力は幅広い。調査対象者の家を探し，初対面の人と話ができ，調査員の仕事を理解し，面接試験などに合格すると調査員として調査機関に登録される。

　基礎研修は一般的内容が中心である。調査とは何か，個人情報保護法や統計法などの知識，情報セキュリティー，調査倫理，守秘義務，調査システムの利用法などである。初心者は熟練した調査員に同行して実地で学ぶ方式も効果的である。訪問前に調査地点を歩いて目安を付けておく。最初の訪問でどのように挨拶をするのか，調査対象者の対応は実際にはどうなるのか。これらの具体的な事例を背後で学ぶ。同行研修ができない場合はロールプレイで演習する。どのような手順で調査を進めるかは，マニュアルだけでなく模擬演習が有効である。

　基礎研修とは別に個別の調査ごとに，説明会を開催する。調査目的と依頼方法，よく聞かれる質問と回答，スケジュール，調査用品の管理などが含まれるが，経験豊富な調査員であっても，個別の調査で異なる点があるので研修を省略すべきではない。集合研修が難しければ動画でもよいが，出席状況と確認テスト結果を記録して全員を受講させる。

　調査員の活動が始まったら，第1章の運営管理で述べたように進捗管理をしていく。調査員との定期連絡と回収状況の分析だけでなく，調査員の心理的サポートもする。

2.3.5　進捗管理

　調査プロジェクトの管理者は，すべての調査員の活動状況とスケジュールを管理する。問題が生じないように未然に重要な点をチェックすることが求められる。調査機関であれば調査管理システムがあり，すべての調査員と調査対象者名簿と回収状況，およびスケジュールが登録される。調査対象者から事務局に入った問合せ等もシステムに入力され，調査対象者にリンクさせる。管理者は常に，全体の回収状況，調査員別の回収率，未回収の調査対象者の現状（不在か拒否か等の情報）などの集計結果を確認する。小規模の調査プロジェクトであれば，簡単な管理システムと紙の情報を併用してもよいが，業務管理の多くはデジタル化できるので，結局はデジタル化した情報をシステムで管理したほうが効率的でミス防止にもなる。

　調査員に関するスケジュールでは，回収状況の報告日の設定が重要である。特に最初の報告では回収した調査票を持参させて検査する。内容に不備があればただちに指導し，以降の活動で是正させる。これはできるだけ早い

段階に実施することが望ましい。

次に中間報告日を適切なタイミングに設定して，その時点までの回収数を
システムに入力していく。調査票を持参させる日と，電話連絡のみの報告を
併用する。目標回収数がスケジュールに照らして未達の調査員には，事情を
確認して，必要な指導をするか，担当を変更する必要があるか判断する。中
間報告を実施しないと，問題を見逃して最終日を迎えてしまい，対処できな
いので必ず把握する。回収数だけでなく，調査員が所定の手順を守って調査
を実施しているかも確認する。

調査員からの定期的な連絡を義務付ける。最近では調査員との連絡用シス
テムもあるが，電話でもよいので原則として毎日報告させる。通常の訪問調
査であれば2週間程度の短期の実施期間なので，調査員の声を聞くこと，会
話することも重要である。調査員から連絡がない場合は管理者から連絡す
る。連絡内容は，調査用品の数の確認（紛失していないか），回収状況，調
査員の体調も含めて何か困難が生じていないか等である。調査対象者から事
務局に訪問日時の変更連絡が入っている場合もある。調査対象者からクレー
ム等が入ることもあるので，調査員には状況をよく確認することが重要で
ある。

管理者は回収状況データを作成し，目標の水準通り進んでいない場合は対
策をする。不調の地点や回収の進まない調査員がいないかを監視する。問題
があれば早期に発見することで対策を打つことができる。調査員は多様な調
査対象者に協力依頼をしているので，不測の事態も起きる可能性がある。調
査を進めるうえでの調査員の抱える悩みにも相談にのり，一緒に解決する姿
勢が重要である。

2.3.6　調査用品

訪問調査では準備すべき調査用品が多い。とくに，個人情報の扱いは研修
の中で重点的に指導する。かつては紙の用品が多かったが，現在ではタブ
レットに代替され，調査システムを用意することが多い。名簿や調査票が風
に舞って紛失する等の防止にもなる。調査ごとに用品は異なるが，一般には
以下のような用品が必要となる。

- 調査対象者名簿（紙ではなく調査員別に表示できるシステムが安全）

- 訪問結果表（またはシステムへの入力）
- 地図（必要に応じて調査員の担当地点別に用意する）
- 調査票（またはタブレット等）
- 回答の選択肢カード等（面接法の場合の提示用）
- IC レコーダ（対象者からの許諾を前提に回答を録音する）
- 電卓
- 記入の仕方（自記式の留置法の場合に調査対象者に渡す）
- 調査に関するパンフレット等（調査の趣旨説明など）
- バインダー（紙の調査票などの場合に必要）
- 謝礼品・受領確認書・授受記録書，交通費清算書など事務関連資料
- 調査員章
- 訪問時に使うかばん（安全に収納できる形状）
- 感染症予防関連（除菌薬，手袋）

2.3.7　回収率向上策

　回収率の確保はどの手法にとっても課題であるが，訪問調査に特有の課題もある。調査員による依頼にもかかわらず，回収できない場合は理由を明らかにしたうえで，理由に応じた対策をする。回収できない理由は「拒否」がもっとも多く，「短期不在」がこれに続く。これ以外の理由としては，転居，死亡，健康問題，長期不在などだが，これらは回収困難であるから，拒否と短期不在への対策が中心となる。

　拒否の場合は，調査対象者がどのように述べているのかを調査員に記録させておき，それを読んで対策を考える。さらに調査対象者からの問合せのコールセンターを設置する。そこには調査対象者から事務局に各種の声が寄せられる。その中には拒否も含まれるので，調査員による記録に加えて調査対象者の発言データを分析する。

　「調査員の力量」が原因と判断できた場合は，ある段階で別の優秀な調査員と交代させる。年代や性格等の違う調査員に交代させることも検討してみるとよい。別の調査員が訪問する場合は，指摘された理由に対して有効な説明ができるよう調査員を指導する。基本的には調査対象者の立場にたって協力しない理由を消していくことである。

回収率だけでなく，回答内容の品質管理も重要である。具体的な管理方法の詳細は第1章を参照されたい。

§ 2.4 郵送調査

2.4.1 長所と短所

郵送調査の長所と短所は，いずれもその特性である「調査員を使わない」「自記式である」ところに起因している。歴史的には低い評価がされてきたが，それは必ずしも改善の余地がない特性ではない。調査主体の社会的信頼性にも影響されるが，実施方法の工夫によっては成果をあげており，調査環境の変化もあって，近年では採用が増加している。

郵送調査の長所

- 調査員が調査対象者に与える人的な相互作用によるバイアスが生じない
- 対面しないので機微な質問でも正直な回答を得られる可能性がある
- 昼間不在などにより対面が困難な調査対象者にも調査票を配布できる
- 調査員を使わないことに伴う人件費等のコストが不要となる
- 名簿が手元にあれば全国など広範囲の調査でも一段抽出することができる（訪問調査の効率化を目的として適用される多段抽出は不要）
- 回答者が都合のよい時間に回答できる
- 周囲の人の話や資料等を確認して回答する調査ができる（短所になる調査もある）
- 地理的制約が少ないので島嶼部や海外の調査対象者に対しても相対的に安く調査できる
- 調査員との対面に拒否感の強い人や防犯意識の高い人にも協力してもらいやすい
- 感染症流行下にも実施できる

郵送調査の短所

- 調査対象者本人が実際に回答したのかの確認が困難（代理回答問題）
- 回答に時間がかかる，あるいは複雑な項目は未記入や誤記入になりやすい
- 未記入誤記入などに対する疑義照会が，回収後の時間が経過してからになるため調査対象者への確認が容易ではない

以下については，訪問留置調査と同様である。

- 調査内容の理解の程度は調査対象者の全員が同水準とは限らない
- 回答の所要時間は調査対象者によって異なる
- 調査票の 1 頁目から順番に回答されるとは限らない
- 質問の分岐などが多い複雑な構造の調査票は適切ではない
- 調査実施期間は相対的に長くなる傾向があり，結果の速報性は劣る

2.4.2　標本抽出法

　郵送調査における標本抽出法は，訪問調査と同様である。標本設計の観点から訪問調査との違いがあるのは，必ずしも多段抽出をする必要がない点である。調査員が訪問するわけではないので一段抽出でもよい。ただし，全国規模の調査で，住民基本台帳からの抽出であれば，抽出作業のために役所を訪問する必要があるため，実際には多段抽出法を適用する場合が多い。多段抽出法の場合でも，地点数を増やし，各地点の対象者数を減らすことができる。そうすることで推定精度を高めることが期待できる。詳細は「**3.2.4 項　多段抽出法**」を参照されたい。

　住民基本台帳などの名簿から調査対象者を抽出して転記する場合，郵送調査では転記ミスに注意しなければならない。訪問調査でも住所の転記ミスをすると，調査対象者の家が見つからないことがあるとしても，調査員が見ると住所の間違いに気づく余地がある。しかし郵送調査の場合は，住所不明で未達になってしまう。転記ミスは，台帳から転記する際と，転記した調査対象者名簿から電子ファイルに入力する際の 2 回のリスクがある。手書き文字のために誤読することもある。

　調査対象者の氏名についても注意が必要である。固有名詞なので字体を含めて配慮する必要があるが，完全な誤字は失礼になり，調査への協力意向にも影響しかねない。調査対象者からのクレームにつながる場合もある。

2.4.3　調査用品と発送準備

郵送調査で必要となる主な調査用品類として以下を準備する。

- 調査対象者名簿
- 調査協力の依頼状（はがき）
- 発送用の封筒
- 調査票（依頼状）
- 記入の手引き
- 返信用封筒と切手
- 回収専用の私書箱
- 謝礼品
- コールセンターの設置（問合せ対応，疑義照会）

　調査対象者名簿には郵送可能な宛先情報が必要で，調査対象者のデータベースを用意することにより，効率的に進捗状況を管理できる。

　名簿が所与の場合と，新しく作成が必要な場合に分かれる。前者は顧客満足度調査のように企業が顧客名簿を持っている場合である。後者は社会調査のように住民基本台帳等から標本抽出する場合で，第1章で説明した作業が必要となる。特に郵送調査の場合は固有名詞の正確性をチェックする作業も加わる。転記作業や入力でも誤りが発生して未達となるリスクがある。

　発送用の封筒のサイズ，色，紙質を決める。宛名の印刷は（1）封筒に直接印字，（2）窓付き封筒，（3）宛名ラベル——などの方法があるが，ラベルでは事務的印象を与えて好ましくない。調査票が複数種類ある場合は，封筒の色を変えることで，対象者からの問合せ対応も簡単になるので，宛名を含む調査用品の印刷と封入は同時一体の作業としてプログラムを用意して実施する。ソフトウエアのミス，印刷・封入装置のハードウエア的なエラーの可能性を考慮して抜き取り検査を実施する。このプロセスのミスは郵送調査では甚大な被害をもたらす。

　調査票は第1章で説明した点を踏まえて作成する。さらに，郵送調査に特有の注意点としては，調査対象者に好印象を与えて協力率を高める工夫をする。個人対象の意識調査では頁数（質問数）が多いと負担感から拒否されかねない。A3用紙二つ折りの中綴じ両面印刷で4頁（表紙頁には調査名と挨拶等を含む）でも，2段組みすれば20問から50問は可能である。できるだけ8頁以下が好ましい。レイアウトの工夫が重要で，選択肢は多くても縦1列に並べると見やすい。すっきり見通して回答がすぐ終わりそうな印象を与えるように努める。

　企業調査を郵送で実施する場合，特に実態調査では調査事項が多くなる。経理項目などは定義も必要となるので「記入の手引き」を用意する。訪問調査員のための「調査の手引き」の代わりともいえる。個人対象の意識調査の場合は逆であり「記入の手引き」ではなく，表紙頁で説明すれば分かる簡潔な調査票にすることで回収率を向上させる。

　調査票，記入の手引きのほか，返信用封筒に切手貼付（または料金後納郵便），記入用ボールペンを一式にして発送する。封筒は往信も返信も調査票を曲げずに収まるサイズとする。ボールペンは謝礼というより必要道具という位置づけでよいが，回答をお願いしたい気持ちを表すように箱入りで印象を良くする。回答を受け取ったあとに500円程度の図書カード等の謝礼があることを告知しておく。発送時に謝礼も同封（先渡し）すると協力率が向上するとの指摘もある。切手を貼付することも「返信しないと無駄になる」という心理を期待できるとの研究もある。調査票は信書なのでメール便ではなく，信書郵便として発送しなければいけない。

2.4.4　回収・督促・疑義照会

　標本抽出や用品準備を終えると，おおよそ以下のスケジュールで実査の進捗を管理する。具体的な日数は調査規模や内容で異なる。

1. 依頼はがきの発送
2. 調査票等の発送
3. 回収調査票の受付審査と記録
4. 提出締切日前に未提出者に督促状の発送
5. 提出締切日後に未提出者に督促調査票の再送（提出期限の再設定）

6.　調査終了後に回答者に謝礼品の発送

7.　回収調査票の入力

8.　回収調査票データの審査（エラー検出）

9.　回答者への疑義照会とエラー修正

　調査への協力依頼は訪問調査と同じく事前にはがきで送付する。調査票と同時に封入することもあり，調査票の表紙にも挨拶文は書くが，事前に送ることで調査票の到着を認知して待ってもらえるだけでなく，宛先の間違いや転居等の名簿不備が発覚するので，調査開始前に修正や追加等の対策ができる。名簿の事前確認も兼ねている。

　回収調査票は私書箱から毎日回収して件数照合したうえで，調査票のバーコードをスキャンして進捗管理システムに入力する。開封したら目視で調査票の確認と検査をする。有効票と無効票（白紙等）のフラグもこのプロセスで入力して日別の進捗を管理する。紙の調査票は紛失のリスクがあるので，日別にまとめて箱に入れて厳重保管し，規定の破棄期限に溶解破棄する。疑義照会などで調査票を見る必要があるので，調査票をスキャンして電子ファイルにしてデータベースに登録する。

　提出期限の締切日に回収が集中するが，未提出者に対して注意喚起も含めて締切日の2日前あたりに督促状を送る。回答と行き違いもあるが「ご協力ありがとうございました」等の文面を工夫することで，謝意と督促の両方を機能させることもできる。

　締切日から一定期間を経過しても未提出の調査対象者に対する再督促にあたっては，調査票紛失の可能性もあるので，調査票と返信用封筒を再送する。調査票の色，挨拶・督促文，提出期限は変更する。再送のスケジュールは調査によって異なるが，たとえば締切日から10日後というように決めておく。督促の文面は，いろいろな事例を参考にして効果的な文案にする。

　再設定した締切日にも提出のない調査対象者に対する3度目の督促を加えるか否かは，回収率や調査目的によって異なる。公的統計調査の経済センサスや経済構造実態調査は郵送調査だが，基幹統計調査として報告義務があるので3回以上の督促があり，最終的には統計法15条「立入検査」によって調査票を回収する場合もある。

　企業調査の場合，あるいは個人調査でも電話番号のある名簿で調査してい
る場合は，電話による督促も効果的である。調査規模が大きい場合は，コー
ルセンターを設置して電話オペレーターが督促期間中に電話をする。相手と
の会話の内容や提出の約束日等もデータベースに入力して，改めて督促をす
る際の重要な情報として参考にする。このプロセスでは調査対象者とのトラ
ブルになるリスクがあるので，管理者は確認を怠らないよう注意する。

　回収票は受付審査後に，毎日入力して遅延しないように体制を組む。入力
作業では紙の調査票を使わない。スキャン後の電子ファイルをセキュアな
ネットワークを介して実施する方式が安全である。入力センターは別会場で
実施する場合が多いので，紙の調査票の移動は避けたい。

　コンピュータによるエラーチェックも毎日実施して担当者に渡す。作業は
データベースで管理し，調査票ごとにスキャン画像，回答データ，発送・督
促・回収日時，エラー検出結果，修正情報等を効率的に一元管理する。

　エラー修正のために対象者への疑義照会が必要になった場合は電話をかけ
て確認する。調査対象者の都合や照会内容が複雑な場合は電子メールを併用
することも効果的である。

　電話番号やメールアドレスは，企業調査では名簿に用意されている場合が
多いが，住民基本台帳等から標本抽出した個人調査等では分からない。調査
票に電話番号の記入をお願いしても記入割合は少なく，疑義照会は困難か不
可能に近い。意識調査では簡単な質問が多いが，無回答も測定結果だという
考え方も成り立つため，疑義照会はしない場合もある。

コラム ▸▸ Column ・・・・・・・・・・・・・・・・・・・・・・・ ● 郵送調査の回収率

　社会調査の教科書を中心に「郵送調査は回収率の低さが短所」という通説が
定着している。対極には調査員による訪問調査（面接法・留置法）の回収率が高
く優れた調査手法として置かれている。さらに，重要な調査には訪問調査を適
用すべきであり，郵送調査は補助的な利用しかできない，という認識も広がっ
ていた。

　しかし，一部の研究者は郵送調査を追究し，適切に実施すれば訪問調査より
も郵送調査の回収率のほうが高いことを報告している。内閣府はこれらの研究
成果を踏まえて「社会意識に関する世論調査」において，調査員による1万人
の訪問面接調査（従来方式）と同時に3千人の郵送調査を実施して結果を比較

した。調査方法以外の仕様がほぼ同じ実証研究は，平成 26 年と 27 年の 2 回にわたって実施され，いずれも郵送調査の回収率のほうが 10 ポイント以上も高く，75％を超えた（下表）。

有効回収数（率）	郵送調査	面接調査
平成 26 年	2,258 票（75.3％）	6,186 票（61.9％）
平成 27 年	2,297 票（76.6％）	6,011 票（60.1％）

資料：平成 25 年度 調査研究「社会意識に関する世論調査（郵送調査）」報告書．内閣府大臣官房政府広報室（世論調査担当）

　調査票の設計，回収管理などのプロセスに，適切な工夫とリソースを配分して実施すれば，郵送調査のほうが高い回収率を実現できることを内閣府は実証した。従来の教科書の解説は，適切な実施方法を適用していない可能性がある。単に調査票を郵送して返送を待つだけなら回収率は 30％程度で終わる。訪問調査でも調査員が担当地点をひと回りするだけなら 30％程度になる。良い結果を得るには，どの調査方法でも丁寧に協力依頼し，誠心誠意なんども督促し，心を込めた謝礼など細部も工夫した設計と熱意が必要であり，コストもかかる。回収率の高低は調査方法を選んだ時に決まるのではない。郵送調査は「安い手法」ではなく，安く済ませたらどの方法でも回収率が低いに過ぎない。調査の専門家として適切に実査プロセスを遂行することが重要である。そこで，本書では郵送調査の手法に特有の短所として，低回収率をあげなかった。

§2.5　電話調査

2.5.1　長所と短所

　通信環境の変化は早く，長所と短所も時代の影響を受けて変わっていく。自動音声応答方式の電話調査も実施されているが，本節では扱わない。

電話調査の長所

- 事前準備をしておけば短い実施期間で迅速に結果を得られる
- 1 人の調査員が多くの調査対象を調査できるのでコストが低減する

- 訪問調査では困難だった島嶼部や海外にいる調査対象者に対しても，コールセンターから電話をかけて調査することができる
- 調査員がコールセンターに集合するので調査員研修を含む調査の品質管理が容易にできる
- 電話調査システムを使えば画面を見て質問し回答も入力できる

電話調査の短所

- 短い調査日数で実施すると調査対象者との接触機会が減り回収率が低くなる
- 事前に協力を依頼していないので最初の趣旨説明が難しい
- 長時間の拘束は協力率を下げる懸念があり多くの質問はできない
- じっくり考えて回答するような内容の調査には適さない
- 固定電話の契約率が低下傾向にある（携帯電話のみの利用者増）
- 発信者番号通知機能を使い，知らない番号からの着信には応答しない人がいる

2.5.2　標本抽出法

　企業が顧客満足度調査を電話で実施する場合などは，顧客データベースに登録されている電話番号，氏名，住所等を目的に応じて利用しながら適切な標本抽出法を適用する。

　報道機関による選挙情勢に関する世論調査では，有権者の電話番号や住所，氏名が名簿の形式では存在しない。また，すべての有権者が電話帳に掲載されているわけではない。利用できる確実な情報は「使われている可能性のある電話番号」である。固定電話には約2億個以上の番号があるが，総世帯数は5600万程度なので3割に満たない。大半は使われていない非使用番号や，使用番号であっても事業所用番号などである。また，携帯電話も約2億個以上の番号がある。さらに固定電話は世帯に，携帯電話は個人に結びついているという実態も踏まえて，標本抽出の仕方を工夫する必要がある。

　世論調査はすべての有権者を母集団として，調査対象者を等しい確率で抽出することを目指している。しかしながら，電話調査においては，固定電話と携帯電話の両方とも使っていない有権者には調査することができない。こ

の割合が大きくなり，目標母集団である「すべての有権者」と，枠母集団である「電話利用者」の乖離が大きくなると，カバレッジ誤差が生じる可能性がある。母集団および標本抽出方法の詳細については第**3**章を参照されたい。

　有権者のいる世帯ないし有権者個人の電話番号を「適格番号」，それ以外を「非適格番号」とよぶことにする。世論調査では適格番号を抽出したいのだが，上述のように非適格番号が多い。電話調査における標本抽出では，効率的に非適格番号を除外して，適格番号を確率抽出する必要がある。さまざまな具体的方法が提案されてきており，電話調査のために対象者を確率的に抽出する方法は，RDD（Random Digit Dialing）法と総称されている。

コラム ▶▶ Column ・・・・・・・・・・・・・・・・・・ ●報道機関の電話調査小史

　報道各社は 1980 年代から電話調査の研究を始めた。朝日新聞は 1984 年から地方選挙の情勢調査で試行を開始した。標本抽出枠として電話帳を使っていたのを，1990 年代からは訪問調査と同じく選挙人名簿から抽出した対象者の電話番号を調べて調査する方式を試みた。日本経済新聞は市場調査における利用実績を踏まえて，1986 年の衆参同日選挙の情勢調査で電話調査を採用し，電話帳を使って選挙区別に標本を抽出した。

　選挙情勢調査における利用を経て，定期的に実施する世論調査においても電話調査を採用する方向へと向かった。しかしながら，世帯電話の契約数と電話帳掲載数の年次推移から，電話帳掲載率の低下が進んでいることは明らかであった。有権者を母集団とする世論調査にとって，電話帳に掲載していない世帯が調査対象に含まれないことは大きな問題であった。すでに米国を中心に，電話帳に掲載のない世帯も調査対象にできる RDD 法が開発・実用化されていたので，各社は世論調査における RDD 法の採用を急いだ。

　毎日新聞は 1997 年に，朝日新聞と共同通信は 2001 年に，日本経済新聞は 2002 年に，NHK は 2004 年に RDD 法を採用した。読売新聞は 2001 年に緊急世論調査で RDD 法を採用し，2008 年から定例の調査にも採用した。電話調査の導入当初は，各社とも固定電話のみを対象としていた。

　その後，携帯電話の普及に伴って，固定電話を契約せずに携帯電話だけを使う「携帯限定層」が増えてきて，世論調査の対象から外れる問題が無視できなくなった。もはや固定電話と携帯電話の併用が不可避であるとの認識は各社で共有されていった。2016 年から読売新聞，朝日新聞，日本経済新聞が，2017 年から共同通信，NHK，毎日新聞が固定電話と携帯電話の併用方式を導入した。

RDD法の標本抽出枠

　固定電話の番号10桁は，上6桁の局番（市外局番＋市内局番）と下4桁の加入者番号で構成される。1つの局番には1万個の加入者番号（0000～9999）が存在する。総務省は使用できる局番を指定しており，「電気通信番号指定状況」として公表している。これらの稼働中の局番を稼働局番とよぶ。稼働局番をすべて集めて，4桁の番号（0000～9999）を付加した完全な電話番号を抽出単位とするのが，固定電話の「稼働局番フレーム」となる。稼働局番フレームは適格番号をすべて含んでいるが，非適格番号も非常に多い。

　RDD法ではバンクという番号区画の概念がある。たとえば，上8桁が共通の100個の番号の集合を「バンク2」または「2桁バンク」という。バンク3は1000個の番号集合であり，バンク4は局番である。

　適格番号が多く含まれている可能性が高いバンクのみを使って枠母集団を作る手法もある。2桁バンクでは，まず100個の番号のうち電話帳にいくつの番号が掲載されているかを集計する。NTTの電話帳以外にも電話番号に関する各種のリストがあればその情報も加える。2桁バンクに掲載されている番号が0個あるいは基準以下であれば，その2桁バンクを「無効バンク」として除外する。残った「有効バンク」を集めて2桁の番号（00～99）を付加すると抽出枠ができる。これを「リスト準拠フレーム」という。除外基準を0個より大きくするほど抽出枠に含まれる非適格番号の割合は小さくなるが，掲載数が0個の2桁バンクであっても，実際には適格番号が存在する可能性があるため，カバレッジが下がる懸念がある。ただし，それによる偏りは小さいと確認できれば，リスト準拠フレームは効率的である。

　固定電話の場合は局番が使われている地域が分かる。2桁バンクレベルで電話帳の地域情報と組み合わせれば，詳細な電話番号と使用地域のデータベースができる。このデータベースは，衆議院選挙の小選挙区などの地域別の調査における標本抽出や，災害発生時の地域の特定などに活用する。

　携帯電話は地域情報と関連づけたデータベースを作ることはできない。総務省の「電気通信番号指定状況」では，11桁の番号の中の上6桁の指定状況が公表されており，この情報をデータベース化して管理する。

電話番号の抽出手順

1. n_1 個の電話番号を確率抽出する。「番号を発生させる」とか「数字を組み合わせる」という説明もみかけるが，本質的には枠母集団からの「抽出」である。

2. 非使用番号を除外して n_2 個の番号が残る。この処理には相手の電話を鳴らさずに信号を受け取り，使用されているか判定できる装置を使う。

3. 事業所の電話番号を除外して n_3 個の番号が残る。これは事業所の電話帳データベース等と照合することによる。ただし，完全には除去できず一部の事業所用番号は含まれる。最終的には，電話をかけた際に世帯か事業所かを相手に確認することになるので，このステップを省略する場合もある。

4. 必要であれば，最近の調査で対象になった番号など，事情のある番号を除去して n_4 個の番号が残る。標本抽出が終了し実査プロセスに n_4 個の番号を渡す。

　最初の抽出数 n_1 は，最終的な標本サイズから逆算する。非使用番号や事業所用番号の割合は，経験的に平均が分かっているので逆算できる。

　携帯電話の標本抽出も基本的には固定電話と同じである。ただし，固定電話と携帯電話の両方を調査対象とする場合，それぞれの抽出数の割合の決め方には，固定電話と携帯電話をそれぞれの枠からの抽出をするとするか，それとも両者を区別せずに1つの枠からの抽出とするか，によって異なる。

世帯内抽出

　選挙情勢に関する電話による世論調査を例にすると，最終的な調査対象は有権者個人である。しかし固定電話を抽出単位としたとき，電話番号を決めるだけでは対象となる有権者個人を決めることができない。その番号を使う世帯には複数の有権者が住んでいる場合があるからである。この場合，調査の対象者を世帯の複数の有権者の中から1人選ぶ必要がある。電話に出た相手にそのまま調査すると，よく電話に出る人や，在宅時間が長い人に回答者が偏る可能性が高いので確率標本とならない。

　世帯内の個人を確率抽出する手順はいくつかある。日本の世論調査では，世帯の有権者数を聞き取り，乱数によって「年齢が上から○番目」と指名する「年齢法」がよく使われている。選ばれた対象者が不在の場合は，アポイントをとるなどして電話をかけ直して調査する。

　年齢法のほかには，「最近誕生日を迎えた人（Last Birthday 法）」や，「次に誕生日が来る人（Next Birthday 法）」がある。誕生日法は乱数表が不要である利点はあるが，世帯内の有権者の誕生日を互いに知っていることが前提となる。

　携帯電話は世帯ではなく個人に結びついており，1台を複数人で共有することはほとんどないと考えられるため，調査対象者をあらためて抽出することはせず，応答した人を調査対象者として調査する。

抽出確率の調整

　有権者が1人の世帯の人は，2人の世帯の人に比べて抽出される確率が2倍になる。固定電話番号が2個ある世帯は1個の世帯と比べて抽出される確率が2倍になる。携帯電話番号の所有数も，同様に抽出される確率に影響する。すなわち，回答者の抽出確率は等しくない。したがって，集計においては抽出確率の逆数に比例するウェイトを付けて算出する。

　ウェイトを計算するために，固定電話調査での回答者には世帯内有権者数と固定電話の保有番号数，および調査対象者が携帯電話を何台保有しているかを質問する。携帯電話での回答者には携帯電話の保有台数，自宅で固定電話番号をいくつ使っているかを質問する。固定電話と携帯電話の併用調査では，それぞれで抽出される確率にもとづいてウェイトを計算する。

☕ **ティータイム**　　　　　　　　　・・・・・・・・・・・・・・・・・ ● **電話調査とコールセンター**

　電話調査は，調査員による訪問調査や郵送調査などと組み合わせて，問合せ，督促，疑義照会など多くのプロセスで役割を果たす。調査対象者に調査の依頼状が届き，回答を記入し，調査主体との間でコミュニケーションが進む過程で，調査対象者にさまざまな疑問等が生じたときには，調査対象者から問合せの電話が入る。訪問調査では，全国の調査員からも連絡や質問の電話

が入る。これらに対応するのがコールセンターであり，調査規模に合わせて体制が構築される。受け付けた内容は調査管理システムに登録しデータベース化して業務に活用される。電話で受けた内容が調査事務本部内で共有されていないと齟齬が生じて，調査への協力を断られる事態になりかねない。

「**2.4**節 郵送調査」で紹介したように，コールセンターは疑義照会では特に重要な枠割を果たす。対面ではなく対話による方法で郵送調査を補う。督促も同様で，これに関する訓練を受けたオペレーターの技能が回収率の向上に寄与する。電話は単独の調査手段だけでなく，幅広く活用される。

2.5.3 実査管理

電話調査の業務プロセスに対応して，以下のような準備を始める。

- 調査を実施するコールセンター（電話調査会場）の確保
- 調査の監督者とオペレーターの管理者の確保
- 必要なオペレーターの総数および時間別の稼働数の計画と確保
- 電話番号の標本抽出
- 対象者への通知用のフリーダイヤル番号の確保
- 発信数の算出と通話費用の概算
- オペレーター用マニュアル作成と研修計画の作成
- CATI（Computer Assisted Telephone Interview）システムの準備

進捗管理

監督者は時間帯別の発信数，応答数，回答数の推移などの進捗状況をチェックする。これらの情報をリアルタイムで確認できるのがCATIの利点である。固定電話の場合は在宅時間帯の影響を受けるので，計画したシフトを変更する必要の有無を判断して，必要に応じて発信をコントロールする。

回収率を向上させるためには，同じ調査対象者に対して回答が得られるまで複数回のコールが必要になる。監督者は，それぞれの調査対象者について，在宅状況やアポイントの有無，拒否の程度などそれまでの発信の記録をCATIで確認し，次に電話をかけるタイミングを判断する。直前の発信結果

表 **2.2**　発信結果の分類例

該当者在住判明	回答あり	回答完了	
		部分回答	
	回答なし	不在	本人不在
		拒否	家族拒否
			本人拒否
		接触なし	話し中
			応答なし
			留守番電話
該当者在住不明	回答なし	接触なし	話し中
			応答なし
			留守番電話
対象外	回答なし	対象地域内	18歳未満のみの世帯
			外国人
			事業所
			非使用のアナウンス
			FAX，通信機器
		対象地域外	
		その他	

（表2.2に発信結果の分類例）や発信履歴，都市部などの地域性も参考にして決める。オペレーターもCATIに記録されている前回の会話内容を必ず読んでから電話し，協力を依頼する時の対話の参考にする。

　オペレーターの管理者は実際に電話をしている様子を観察して，正しい手順で調査しているかをチェックする。1件の調査を終えるのに過度に時間を要している，あるいは全く回答を得られないオペレーターには問題がある可能性が高いので，CATIシステムの機能を使って会話をモニタリングして課題を探す。主なチェックポイントを以下に列挙する。

- 丁寧な言葉で失礼のない対応ができているか
- 調査の趣旨を丁寧に説明できているか
- 早口だったり，黙り込んだりしていないか
- 協力的でない調査対象者に対して，協力を得られるよう，説得しようとしているか

- 調査対象者が不在の場合，アポイントを取ったり，電話をかけ直したりできるよう話しているか
- 固定電話の調査では，世帯内抽出を適切に実施しているか
- 携帯電話の調査では，最初に移動中でないかを確認しているか
- 選択肢の読み上げなど，聴取のルールを守っているか
- 質問項目への説明や意見を求められた場合に，自分の考えや意見を述べていないか

　休憩時間の前後のタイミングで修正すべき点を指導する。全体的に進捗が遅れている場合は，目標数の明示をしながら全員を励ますなど手遅れにならないように管理する。

　また，全国調査の場合は，地域的に地震などの自然災害が発生することがある。その地域への調査を停止しないと苦情につながることもあるので，監督者は情報を集めて責任者の判断を仰ぐ。

オペレーターの教育

　経験豊富なオペレーターについても調査によって運用方法が異なるため，そのつど研修が必要となる。教育用のマニュアルやビデオを使いながら研修する。また，未経験のオペレーターには，調査対象者に対する配慮や問題発生時の対処法などの基本的なルールを含めた教育（研修）を実施する。

　RDD法による世論調査の典型的な流れを図2.3に示す。まず対象者には「番号通知」設定で発信する。信頼感を与え，折り返し電話も期待できる。電話がつながったら，冒頭のあいさつと趣旨説明で，調査への協力を得ることが重要である。その際，調査の所要時間の目安も伝える。留守番電話の場合は，決められたメッセージを吹き込む。携帯電話の場合は移動中ではないか，電話ができる状況かを確認し，調査が可能かどうかを早めに判断する。

　主な研修内容を以下に列挙する。

- 調査の内容や結果などの秘密保持
- 調査目的と意義
- 電話応対の基本マナー
- 調査対象者との信頼関係の重要性

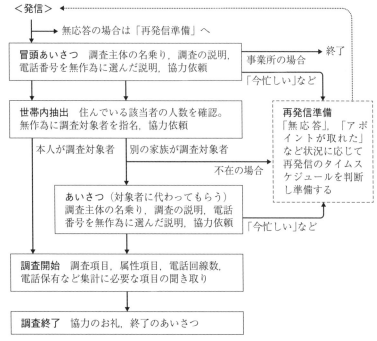

のフロー図（再掲）

<＜発信＞

→ 無応答の場合は「再発信準備」へ

冒頭あいさつ　調査主体の名乗り，調査の説明，電話番号を無作為に選んだ説明，協力依頼

事業所の場合

「今忙しい」など

終了

世帯内抽出　住んでいる該当者の人数を確認。無作為に調査対象者を指名，協力依頼

本人が調査対象者　　別の家族が調査対象者

不在の場合

再発信準備
「無応答」，「アポイントが取れた」など状況に応じて再発信のタイムスケジュールを判断し準備する

あいさつ（対象者に代わってもらう）
調査主体の名乗り，調査の説明，電話番号を無作為に選んだ説明，協力依頼

「今忙しい」など

調査開始　調査項目，属性項目，電話回線数，電話保有など集計に必要な項目の聞き取り

調査終了　協力のお礼，終了のあいさつ>

図2.3　RDD法による世論調査の流れ

- トークスクリプトの順守
- 調査協力への説得方法
- 世帯内抽出の方法と重要性
- アポイントの取り方
- 質問項目の処理方法（単一・複数回答，選択肢の読み上げの有無）
- あいまいな回答の対応方法
- 発信結果の分類方法
- 受信業務の方法
- Q&A
- 苦情などトラブルへの対応
- 電話機の操作方法，CATIの操作方法
- ロールプレイング

§2.6 インターネット調査

2.6.1 長所と短所

インターネット調査は 2000 年代以降，急速に普及した新しい手法である。自記式調査に特有の長所のほか技術面のメリットが多い。まだ発展途中でもあることから，日本社会のデジタル化（技術水準）や法整備（安全措置）によって長所・短所も変わる可能性が高い。たとえば携帯電話会社の顧客情報を利用できるようになればカバレッジの高い枠母集団となる。マイナンバーが普及して住所とメールアドレスを利用できるようになると，住民基本台帳に替わる枠母集団となる。

インターネット調査の長所

- 迅速に調査結果を得られる（準備も実施も短期間で終了する）
- 初期投資は必要だが安い調査経費で実施できる
- 入力プロセスが省略される（迅速・安価と関連）
- 電子調査票で音声・画像・動画なども使える
- 電子調査票で回答の複雑な分岐や数値のチェックを動的に制御できる
- 回答結果に注意喚起のメッセージを出せる
- インジケーターで回答の進捗を表示できる
- 自宅のパソコンでも屋外の携帯端末でも回答できる
- 自由回答に関する量的な制限が少ない
- 面接調査や座談会など質的調査もオンラインで実施できる
- 出現率の低い該当者を比較的容易に調査対象にできる
- オフラインで回答した電子調査票をオンライン送信できる

インターネット調査の短所

- インターネット利用者しか対象にできない
- 全国の有権者が対象の場合は確率標本を事実上得られない
- 郵送調査と同様に代理回答問題を完全には回避できない

- 回答者が使用するパソコンや携帯端末ごとに画面サイズが異なり，電子調査票の表示のされ方が一律ではない
- 手抜き回答が相対的に容易にできる
- 名簿形式の標本抽出枠に電子メールのアドレスが記載されていない場合には，抽出した調査対象のアドレスを確認するための手順等が必要となる

2.6.2　標本抽出法

　日本人全体を母集団として確率標本を抽出したい場合は，ほかの調査方法と同様に住民基本台帳から抽出し，電子メールアドレスを確認する調査をしたうえで，調査サイトの URL を送信する方法が考えられるが，これではインターネット調査の迅速性という長所を発揮できない。定期的に大規模な確率標本を抽出して調査対象集団を構成する方法もあるが，メールアドレスを登録して調査に協力してもらえる割合が低ければ偏りも増大する。大規模抽出のコストも大きな負担となるので，商業ベースでは成立しなかった。

　実際に日本の調査業界で採用されている方法は，定義した母集団からの確率的「抽出」ではなく，「選定」あるいは「募集」である。第3章**3.1.3**項の非確率抽出法における有意抽出法や割当法に該当する。どのように募集するかという視点からオープン型とクローズド型の2種類に大別される。両者の比較を表2.3にまとめた。

表2.3　オープン型とクローズド型の比較

	オープン型	クローズド型
調査方法	バナー広告やメールマガジン，SNS等を通じて，WEBサイト上で幅広く調査への協力を依頼する。	広告等で募集し，調査に協力することに同意した集団を構築して，調査のたびに対象者を抽出する。
長　　所	回答者に制限はないので，インターネット上から幅広い人に回答してもらうことができる。	回答者が限定されているため秘匿性の高い調査も可能で，短期間で回答を集められる。
短　　所	開始前に回収数と期間が不明で，調査内容に関心がある人が多く集まりやすい。同一人物の重複回答が懸念される。	登録者は謝礼を得ることを主な目的にしており，なりすましの回答や「調査慣れ」が懸念される。

　オープン型は駅前で通行人に調査を依頼する方式と似ているが，インターネット空間では膨大な情報に埋もれて調査の告知に接する機会は少ない。回答数を確保するには大量の広告と長期間を必要とする。誰でも回答できるので，調査者が望む条件があっても制御は容易ではない。

　クローズド型は民間調査機関で採用されている主流の方法である。調査協力に同意した人々の会員組織は「調査モニター」，「ネットリサーチ・モニター」，「アクセス・パネル」，「ウェブ・パネル」など統一的な呼称はないが，ほぼ同じ意味で使われている。その規模は各社間で重複登録者もあろうが500万人程度を維持している調査機関もある。調査目的に該当する調査対象者の出現率が低く，登録者だけでは対象者が不足する調査には，提携する企業の顧客会員を調査対象者に加えるケースも増えている。

　この他，インターネット上には不特定多数の人にプログラミングやデザインなどさまざまなビジネスを依頼する「クラウドソーシング」という場があり，そこで調査機関を介さずに条件に合致する調査対象者を募集する調査者もいる。また，インターネット上で調査対象者を無作為抽出する技術を活用したRDIT (Random Domain Intercept Technology) という調査方法も実用化されている。

2.6.3　実査管理

　民間の調査機関でインターネット調査を実施する場合，調査の依頼者（企画者）が調査機関に業務を発注し，調査モニターが回答する。その典型的な流れを図2.4に示す。

　調査機関では依頼者から示された原案に沿って，調査対象者を調査モニターから抽出し，WEBで回答するための調査画面を作成する。調査対象者は自身の専用ページにログインして回答を始める。調査画面についてはさまざまなロジックが正しく設定されたか確認する作業が重要である。回収数と調査期間に関しては「目標数到達型」と「期間設定型」がある。

　目標数到達型は割当法で属性（セルとよぶ）別に回収数を設定し，到達したら終了する。進捗が遅いセルの調査対象者に催促のメールを送る場合もある。回収数が決まっているので謝礼を含めた調査費用が確定することもあり，多くのインターネット調査でこの方法が採用されている。しかし，回

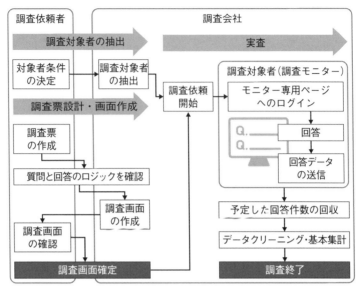

図2.4　民間調査機関におけるインターネット調査の業務プロセス

答者は先着なので，過剰に依頼すると短時間で終了して偏った結果になる。そこで予定した調査期間をかけて回収するように依頼数を制御する必要がある。

　期間設定型は設定した調査期間で終了する。オープン型の調査で採用される場合が多い。調査期間を長く設定する場合が多いが，それでも目標回収数に達しない可能性がある。

2.6.4　情報セキュリティー

　インターネット調査ではシステムを維持しながら，外部からの侵入リスク等に対処する必要がある。対策の基本は，機密性，完全性，可用性という情報セキュリティーの3要素である。

　機密性は情報漏洩や破損が防止される状態，完全性は正確な情報が保持される状態，可用性はいつでも情報を使える状態を指す。機密性と完全性の確保だけでなく，システムダウン等への備えが必要である。それぞれの要素を高めるための取り組みを表2.4にまとめてある。

表**2.4** 機密性・完全性・可用性を高める取り組み内容

機密性	
ファイアウォール	外部からの不正な侵入やサイバー攻撃から内部ネットワークを守る。
SSL暗号化通信	通信を暗号化して回答内容を盗み見られないようすることができる。
IPアドレス制限	指定したIPアドレスからしか閲覧できないように制限をかけ不正アクセスを防ぐことができる。
完全性	
アクセス履歴	操作ログを保存することで，情報漏洩や不正アクセスなどが発生した際，原因を追究することができる。
サーバー監視	機器の故障や負荷をチェックし，異常検知の際は担当者へリアルタイムに通知して，迅速に対応する。
脆弱性診断	第三者機関がシステム全般にさまざまな疑似攻撃を試みて，未然に致命的な損害を防ぐ。
可用性	
システム二重化	システム障害が発生しても，予備システムに切り替え，障害によるダメージを最低限で食い止める。
無停電電源装置	内蔵バッテリーから一時的に電気を供給できるようになっており，突然のデータ消失を防ぐ
バックアップ	機器障害，ウイルスに感染，人為的なミス等に備え，定期的にデータをバックアップする。

2.6.5 回答データの品質管理

短所にも示したように，インターネット方式であるための独特の問題点もあり，適切なデータを得る対策が重要である。

重複回答・虚偽登録の防止

直接に対面していないため，同一人物による重複回答，虚偽の登録が懸念される。登録時に同じ氏名，住所，生年月日が登録されていないかを確認することが必要である。また，会員として登録されている属性情報と回答内容が一致しているのかを定期的にチェックする。

不正回答のチェック

　調査協力への動機が謝礼目的であることが多く，早く回答を終えたいという気持ちから，常に「当てはまるものはない」のような排他選択肢だけを選んでいないか，マトリクス形式の質問で同じ列ばかり選んでいないか，自由記述の文字数が極端に少なくないか，などを検出するために，回答所要時間が短い回答者を確認する。なお，回答所要時間は相対的に若者は短く，高齢者は遅いといった世代間の違いがあるので，いくつかの属性別に分析する。

　事前調査の結果を受けて，本調査の対象者として依頼したにも関わらず，本調査の対象者条件を満たさない場合など，不適格者を検出した場合は標本から除外する等の処置をとる。

登録者のメンテナンス

　調査機関のモニターに登録する際には調査内容の守秘義務に関する同意を得る。また，モニターの登録事項のうち，居住地や職業は時間の経過とともに変わる可能性がある。モニター本人が属性情報の変更を怠っている場合もあるため，定期的にすべての登録者に対して属性情報の確認・更新を促す。

　不正回答が一定基準以上に達した登録者は退会させる。回答が一定期間ない「休眠モニター」には調査依頼を停止する。調査会社では登録者に対しても品質ポリシーを示して日常的な品質管理を継続する必要がある。

§2.7　装置型調査

2.7.1　長所と短所

　装置型の調査は，データが自動的（もしくは半自動的）に記録されること，装置・機器やアプリケーションによって「集まる」ところに特徴がある。その結果，調査対象者に質問して回答データを「集める」負担が，無いか大幅に軽減される。長所と短所もこの特徴に起因する。

装置型調査の長所

- 記録が正確である。人間の記憶や測定刺激の相違による回答データの「揺らぎ」のような不正確性がない。
- 測定が詳細である。目測や記憶などに依存せず，時間測定では秒単位のデータが可能であり，商品分類もアイテムレベル（JAN コード単位）で記録できる。
- データが大規模である。行動や現象の自動的な記録は装置の性能向上によって「抽出」することなく「全数」をデータ化できることで大規模となり，詳細な分析ができる。

装置型調査の短所

- データが偏りやすい。機器を配布して協力を求める場合は，設定の手間や十分な理解を必要とするので，調査協力者に偏りが生じることがある。
- 測定環境への依存度が高い。スマートフォンの OS や機種によって測定できない場合もある。インターネット接続が条件となる場合も多い。
- 収集の継続性。特定のサービス提供者のデータについて，提供会社や業界団体などのポリシーの変更によって，測定が困難になる場合がある。

2.7.2 装置型調査の種類

調査対象者の回答によらず，データ測定記録装置によって調査をすることができる。携帯電話キャリアの保有する位置情報の統計データがよく知られている。500m 程度のメッシュ内の人口を時間帯別に把握できる。IT 技術の発展，スマートフォンやインターネット接続機器の普及により，今後も増えていくことが予想される。まず主な事例を表 2.5 で一覧したうえで，具体例を説明する。

テレビ視聴率調査

視聴率は広告主，テレビ局，広告会社が広告取引するためのデータとして活用されるとともに，国民の関心の高さを知る，社会の動きを知る，という社会調査的な側面での利用もされている。

表**2.5**　装置型調査の事例

装置・設備	調査への適用事例
調査対象者宅に記録装置を配布・設置	テレビ視聴率調査
調査対象者のスマートフォンに記録用のアプリをインストール	購買を記録する調査，サイトアクセス情報の調査
インターネットに接続された機器の情報をサーバー側で取得	アクセスログ分析，コネクテッドテレビの視聴データ分析，位置情報
店舗におけるデータ取得	POSデータ（店舗における販売データ），店内カメラによる行動記録

　テレビ（TV）視聴率調査はNHKや専門調査機関であるビデオリサーチなどによる調査が有名で，調査方法としては日記式調査も実施されているが，ここではビデオリサーチの装置型調査をとりあげる。

　そこでは，視聴率調査はピープルメーター（PM）とよばれる測定装置を使う。PMをTVに接続し，インターネット回線を経由して視聴番組のデータを収集する。世帯内の個人視聴はリモコンでボタン入力することで識別する。ビデオリサーチでは地上波，BS放送，CS放送などのTV放送をリアルタイムで視聴している世帯，または個人の割合をリアルタイム視聴率として捉えている。

　一方，タイムシフト視聴率は，番組放送日から7日内（168時間内）の視聴を測定し，ある放送（番組，時間帯）がどれくらい録画機器や見逃し配信サービスで視聴されたかを捉える。リアルタイム視聴率とタイムシフト視聴率のいずれかで視聴したことを示す総合視聴率も算出している。

〈視聴率調査の概要（世帯数などは変更される可能性がある）〉

　調査地区：全国32地区

　世帯数：10,700世帯（2年〜3年で全世帯が入れ替わる）

　調査対象：各地区に居住するテレビ受像機所有世帯，および世帯内に居住する満4歳以上の家族全員

　抽出方法：地区ごとに系統抽出（世帯を抽出単位とする一段抽出）

　調査方法：PMによる機械式調査

　調査対象テレビ台数：世帯内で最大8台

購買パネル調査

　市場調査機関であるマクロミルやインテージの調査が有名だが，ここでは

インテージの購買パネル調査（全国消費者パネル調査）をとりあげる。

調査対象者（パネル）が購入した商品のバーコードをスマートフォンにインストールされたアプリケーションでスキャンし，インターネット調査画面から，その商品を購入したチャネルや個数・金額などを入力する。誰が・いつ・どこで・何を・いくつ・いくらで購入したかが把握できる。

購買パネルデータは消費者を起点としたブランドマーケティングや店頭マーケティングに利用される。消費者を起点にデータ収集することで，販売チャネル（具体的な店舗チェーンやECでの購買）ごとの分析や個人のブランドスイッチの分析が可能である。

〈購買パネル調査の概要（対象者数などは変更される可能性がある）〉
調査地区：全国
対象者数：53,600人
調査対象：15歳〜79歳の男女
調査方法：商品のバーコードスキャン
測定対象：食品，飲料，日用雑貨品，化粧品，医薬品，タバコ

コネクテッドTV（スマートTV）の利用データ

インターネットに接続されているコネクテッドTV（スマートTV）の利用データは各家電メーカーにインターネット経由で送信されている。許諾のとれている視聴情報について統計的な利用がなされている。メーカー全体では数百万規模のデータが収集されている。同様に，各テレビ局も視聴データをインターネット経由で取得しており，自局の視聴データについて分析をしている。視聴データの送信はオプトアウト（送信の停止）することが可能である。

サイトアクセス解析

PCやスマートフォンなどからウェブ・サイトにアクセスした情報はサーバー側で把握される。主に各ページへのアクセス数，サイト内での行動，サイトへの流入経路を知ることができる。今後は規制される部分もあるがcookieを用いて，ユーザーの属性情報などサードパーティの情報と合わせて分析される。

　調査対象者のスマートフォンにアプリケーションをインストールしてサイトのアクセス情報を調査する方法もある。この手法を利用すると対象者のサイトへのアクセスを全て把握することが可能となるが，対象者に同意をとってアプリケーションのインストールを実施することは必ずしも容易ではない。

POS（point of sales）データ

　店頭で商品のバーコード（JANコード）を読み取って蓄積されるPOSデータは販売動向の分析に使われる。スーパーマーケット，コンビニエンスストア，ホームセンター，ディスカウントストア，ドラッグストア，専門店などの各種業態のデータを統合することで市場全体の把握が可能となる。調査機関では全国の店舗と提携してPOSデータをサービスしている。

　POSデータでは購入者が分からないため，ポイントカード（もしくはハウスカード）と結びつけることにより，購入者の属性付きのデータを分析対象とすることが可能となる。これをID-POSデータという。

装置型調査の課題

　装置型調査では膨大なデータを日々収集することが可能になる。そのため，大規模なデータを保持し分析できる環境を構築する必要があり，そのためのコストは必然的に大きくなる。分析を行う視点をあらかじめ決めてシステム構築を行う必要性もあり，調査だけでなくシステムの知識も必須となる。

　プライバシーへの配慮にも注意が必要である。個人情報保護法などの法令を遵守することは当然のことながら，自動的にデータ収集可能であることから，利用目的や利用範囲について明示的に同意をとる必要がある。データを提供することにより，プライバシーが侵害されたり，不利益が生じたりすることなく，公正かつ客観的にデータ収集が行われる必要がある。装置型調査の場合には調査対象者にデータの収集内容や利用目的が分かりにくいこともあり，丁寧な説明をして理解を得る必要がある。

§2.8 定点調査・パネル調査

　定点調査とパネル調査は調査方法というより，調査設計の特徴を反映した調査名称である。さまざまな調査方法で定点調査を実施できるし，さまざまな標本抽出法で得た標本でパネル調査を実施することができる。

　定点調査は定期的に実施する調査の総称である。多くの場合は同じテーマを追いかけて変化を調べる目的で実施する。時系列調査，動態調査，経常調査など，分野によって類似の名称がある。パネル調査は同じ調査対象者に調査を継続する方法である。調査内容は同じテーマであることが多い。

2.8.1　定点調査の特徴

　原則として調査仕様を変更しない。標本設計，調査対象，調査時期，調査方法，調査票など制御可能な計画内容を固定することで，調査結果の変動を「変化」とみなす強い根拠となる。

　調査対象は同一人に固定する場合もあるが，独立に抽出された確率標本の場合もある。報道機関の月例世論調査が典型例である。どちらを選択するかで結果への影響が異なる。

　調査時期は目的によって決まる。年次調査として「毎年9月」という程度の幅で日時は問う必要がない場合もある。国勢調査や経済センサスのように5年周期だが調査時点の基準日を決める必要がある調査もある。調査内容によっては曜日を同じにすることが求められる場合もある。

　調査票についても変えないことが必要である。質問文が同じでも，レイアウト，質問の順番や場所，比較の質問なら比較対象のセットが変われば，結果に影響する。

　この他，仕様が同じでも調査実施機関が変わることで，結果に影響することがある。これは調査仕様というよりも調査の運営の相違によるもので，調査員調査，なかでも面接調査で顕著である。

2.8.2　定点調査の課題

　特徴の解説とは裏腹に，調査仕様は変更を余儀なくされる場合がある。端

的な例としては有権者を対象と定義している調査において，法改正によって
20歳以上から18歳以上に対象者を変更する場合である。結果に不連続性が
生じるので解釈の段階で注意を要する。

　標本の大きさを変更する場合もあるが，その理由が精度の維持である場合
がある。問題がない場合もあるが，背景にある原因が回収率の低下であるよ
うな場合は，表面的には標本誤差を基準以下に維持していても，実際には非
標本誤差（非回収による標本の偏り）が大きくなっている場合がある。

　調査方法の変更が近年では増えている。特に多いのは調査員調査から郵送
調査あるいはインターネット調査への変更である。理由としては調査コスト
だけでなく，現実的な環境変化から余儀なく変更を迫られる場合もある。意
識調査では，これも結果に大きな影響をもたらすことがある。調査方法の変
更ではないが，電話調査においては固定電話だけでなく携帯電話も対象に加
える変更もある。これも社会の変化に対応した判断である。

　調査票の変更は数十年以上の長期的に継続している調査で起こりうる。質
問文の意味が変化する場合，世代が変わって質問そのものが陳腐化する場合
がある。しかし，継続性は重要なので慎重に検討する必要がある。可能なら
ば並行的に新旧調査票を一定期間は使って徐々に切り替えることが望まし
い。いずれの変更においても，結果の解釈においては時系列のどこで不連続
が生じているかを考慮する必要がある。

2.8.3　パネル調査の特徴

　調査対象についてパネルとモニターという用語が使われている（「**2.6**節
インターネット調査」を参照されたい）。調査への協力を得ている大きな集
団を構築し，そこからあらためて標本抽出して各種の調査を実施する場合の
集団をモニターとよぶ。これもパネルとよぶこともあるが，ここでは同じ調
査対象者に同じテーマの調査を継続的に実施する目的で構成した集団をパネ
ルとよぶ。

　パネル調査は同じ調査事項について，集団的な時系列変化を捉えるだけで
なく，個人単位での変化も分析できる。

　詳しい説明が必要な複雑な調査を依頼する場合には，同一の調査対象者に
継続的に調査依頼をすることで効率を高めるという面もある。装置型調査を
実施する場合には，そのような理由からパネル調査になることが多い。

2.8.4　パネル調査の課題

　定点調査で示した課題はパネル調査にも該当するが，パネル調査では調査対象者が同じなので影響は更に大きい。しかし，パネル調査の最大の課題はパネルの維持と管理方法である。

　長期にわたって調査をすると，パネルを構成する対象者は徐々に脱落していくため調査対象数が減っていく。加齢により対象条件から外れる場合もある。同一テーマに回答を継続しているうちに，関心が高まり知識が増え，ある種の慣れも生まれる。一般の人々とはその部分で質的相違が生じる。これを学習効果という場合がある。いずれにせよ時間的経過による影響を受けるのがパネル調査であり，新規の標本追加・交代が必要になる。

　標本を一定期間で交代すると，そこで大きな不連続が生じ，調査結果に無視できない断層が生じて解釈が困難になることが起きる。そのためパネルの一部を順次入れ替える方法が一般的である。その期間や入れ替えの割合などの条件を適切に設定することが重要だが，調査の目的や背景によって判断は異なる。企業調査の場合には規模や業種などの属性分布も考慮しなければならない。

☕**ティータイム** ・・・・・・・・・・・・・・・・・●**定点調査とパネル調査の例**

　定点調査の事例は，特に公的統計調査で多い。国勢調査など周期調査とよばれる調査が該当する。また労働力調査，家計調査など経常調査とよばれる調査は切れ目なく実施されており，公表時期が月次になっている。毎月勤労統計調査をはじめ，月次の動態統計調査も多い。月次統計調査の多くで，定点調査は一定期間にわたってパネル方式になっている。

　統計調査だけでなく世論調査，社会調査でも定点調査は多いが，パネル標本ではなく，5年から10年周期で独立の確率標本によって集団の変化を把握する例が多い。テレビ視聴率調査は装置型調査でもあることからパネル調査になっている。社会調査や市場調査の事例を紹介しよう。

国民生活時間調査

　仕事，家事，食事など，1日の生活行動を時間の面からとらえ，日本人の生活の実態と変化を明らかにする基礎的なデータとして活用されている。1960

年以来 5 年周期で NHK 放送文化研究所が実施。

〈調査概要〉

調査対象	全国　10 歳以上
標本規模	7,200 人に依頼　有効回収 4,297 人（2020 年）
調査頻度	5 年に 1 度　　（定点調査）
調査方法	郵送法（2020 年）　訪問調査（1995 年以前）
調査項目	15 分ごとの生活行動

消費生活に関するパネル調査：慶應義塾大学パネルデータ設計・解析センター

　家計，就業，家族関係を中心に，人々の生活に関する情報を女性の視点を通して長期にわたり収集している。毎年同じ調査対象者に対して「家計」，「就業」，「家族・生活」の変化を調査している。

　5 年ごとに新たに 20 代女性に対して調査を実施することで，1959 年以降に生まれた女性を世代ごとに切れ目なく調査対象としている。非常に長期（20 年以上）にわたるパネル調査であるために，回答者の脱落は避けられないが，調査員の直接訪問・回収によって毎年 95％程度の回収率を維持している。

　（2017 年までは公益財団法人 家計経済研究所が実施）

JCSI（日本版顧客満足度指数）

　顧客満足度を客観的に継続評価し，国内サービス企業を活性化し，サービス産業の競争力強化を目的として，日本生産性本部が実施している。企業・ブランドの利用者を対象として顧客満足度を調査する。

〈調査概要〉

調査対象	全国　日本人ないし国内居住者
標本規模	1 企業・ブランド当たり 300 人
調査頻度	毎年
調査方法	インターネット調査

調査項目	顧客期待，知覚品質，知覚価値，顧客満足，推奨意向，ロイヤルティなど

全国小売店パネル調査

インテージの SRI+ は，多数の小売店をパネルとして提携し，継続的に各商品の売上を調査する。現在ではほとんどの場合 POS システムに記録されたデータを用いている。アイテム（JAN コード）単位で日別・時間別に販売状況を把握する。

市場を代表するように，さまざまな業態の小売店をカバーし，業態・地域ごとに対象数を決め，ウェイトバック集計等で市場全体の動向を反映させる。

〈調査概要〉

調査地区	全国
調査店舗数	6,000 店
調査対象	スーパーマーケット，コンビニエンスストア，ドラッグストア，ホームセンター，ディスカウントストア，専門店（ペットショップ，酒専門店，ベビー用品店），EC
調査方法	POS データのオンライン収集
測定対象	食品，飲料，アルコール，日用雑貨品，化粧品，医薬品，タバコ
調査対象	全数調査（日本に住んでいるすべての人及び世帯）
調査頻度	5 年に 1 度（定点調査）
調査項目	各店舗におけるバーコード別の販売年月日，販売金額，販売個数など
報告データ	販売金額・販売量の拡大推計値，販売店率，マーケットシェア，販売店当たりの販売量，販売店当たりのシェア，販売単価など

3. 標本抽出と推定

この章での目標

■ 母集団，標本，抽出枠について理解する
■ 標本誤差と非標本誤差の違いを理解する
■ 標本抽出の考え方と単純無作為抽出法の原理を理解する
■ 復元抽出と非復元抽出についての違いを理解する
■ 母数の推定法について広く知識を得る
■ 無回答への対応の仕方について知る
■ さまざまな抽出法についての理解を深める

■■■ Key Words

- 母集団と標本
- 全数調査と標本調査
- 標本誤差と非標本誤差
- 確率抽出法と非確率抽出法
- 単純無作為抽出法
- 母数および標準誤差の推定
- 補完とウェイト調整
- 標本の大きさの決定
- 系統抽出法，層化抽出法，多段抽出法

本章では初等的な確率と確率変数に関する知識を必要とする個所がある。必要に応じて『統計学基礎〜統計検定 2 級対応』あるいは『データの分析〜統計検定 3 級対応』(いずれも日本統計学会編)を参照されたい。また,本章と関連する標本抽出法の詳細について,章末に参考文献を示してある。関心のある読者は参照されたい。

§3.1 標本抽出法の基礎

3.1.1 母集団と標本

母集団

調査対象全てを網羅した集団を**母集団** (population) という。日本全体における世帯年収の平均値を知りたいときは,日本の世帯全体が母集団である。A市においてある政策に賛成する有権者の割合を知ろうとするときの母集団は,A市の有権者全体である。本書では母集団を $\mathcal{U}$ で表す。母集団を構成する個々の調査対象のことを**要素** (element) という。各世帯や各有権者が要素である。母集団に含まれる要素の総数を**母集団の大きさ** (population size) とよび,N で表す。

年収や,政策に対する賛否など,要素に応じて変わり得る特性を**変数** (variable) という。母集団の各要素は,調査で知ろうとする変数について値を持つ。母集団における,この変数値の分布を**母集団分布** (population distribution) という。年収の分布や賛否の人数分布などである。調査で知りたい年収の平均値や賛成の割合など,母集団分布を特徴づける量を**母数** (parameter) とよび,一般に θ で表す。

全数調査と標本調査

調査の目的は母数 θ を知ることである。そのための方法としては,**全数調査(悉皆調査)** (complete enumeration) と**標本調査(抽出調査)** (sample survey) がある。全数調査は母集団の全ての要素から変数の値を得る方法であり,標本調査は母集団の一部を**標本** (sample) として取り出し,標本の

みから変数の値を得る方法である。本書では標本を $\mathcal{S}$ で表す。母集団から標本を取り出すことを**標本抽出** (sampling) という。標本として取り出した要素の数を**標本の大きさ** (sample size) とよび，n で表す。母集団の大きさ N に対する標本の大きさ n の割合を**抽出率** (sampling fraction) とよび，$f = n/N$ で表す。

　標本の抽出は，調査対象つまり要素単位で行われるとは限らない。調査対象は世帯であっても，地域を単位として抽出を行い，抽出された地域の全世帯を標本とすることもある。実際に標本抽出に用いる単位を**抽出単位** (sampling unit) とよび，母集団における全ての抽出単位から成るリストを**枠** (frame) あるいは**抽出枠** (sampling frame) という。枠は抽出の元になる名簿であり，枠の一部を取り出すことで標本が得られる。全数調査とは枠全体を抽出する方法ともいえる。枠は，想定した母集団と整合し，母集団を漏れなくカバーすることが望ましい。しかし，現実には名簿の作成目的や時期の違い等のために整合しないこともある。このとき，本来意図した母集団を**目標母集団** (target population) とよび，枠によって実際に調査対象になり得る母集団を**枠母集団** (frame population) という。

推定と誤差

　全数調査あるいは標本調査で得られた変数の値から母数を推測することを**推定** (estimation) という。当然，推定結果は母数に一致することが望ましいが，現実にはズレが生じる。本来得られるべき結果からのズレを**誤差** (error) という。標本調査では母集団の一部である標本だけを調べるため，標本の大きさや抽出方法によっては，誤差は大きい可能性がある。しかし，だからといって全数調査の方が誤差が小さいとは限らない。母集団が非常に大きいとき，全数調査では標本調査よりも調査にかかる時間や手間，携わる人の数が増え，その分ミスは発生しやすくなり，データの不備が増えるおそれもある。小さな標本に対し，きめ細かな実査管理を行いながら着実にデータ収集を行う方が誤差は小さいこともある。次項ではこの点を詳しく見ていく。

「標本数は 2,000 人」など，標本として抽出した要素の数を「標本数」あるいは「標本の数」と表記するのは誤りである。「標本」とは要素の集合を表す用語であり，個々の要素を意味する用語ではないからである。つまり，抽出された集団のことを標本とよび，標本に含まれる人数のことは「標本の大きさ」あるいは「標本サイズ」という。「標本数が 2 つ」という表現は，例えば 2,000 人から成る標本と 1,000 人から成る標本の 2 つを意味する。

同様に，母集団を構成する要素の数を「母集団数」あるいは「母集団の数」と表現するのも誤りである。母集団も集合を表す用語だからである。母集団の数は通常は 1 つであり，母集団に含まれる要素の数は「母集団の大きさ」あるいは「母集団サイズ」という。

3.1.2 標本誤差と非標本誤差

標本誤差

誤差は，実査の各段階を経るごとにさまざまな要因から生じ，蓄積されていく。最終的に積み上がった誤差を**総調査誤差** (total survey error) という。図 3.1 は，調査の各段階から次の段階への移行時に生じる誤差を整理したものである[1]。

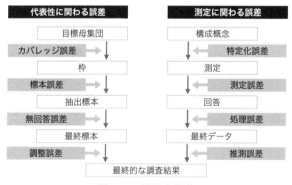

図 3.1 総調査誤差

図3.1に示されるさまざまな誤差は，**標本誤差** (sampling error) と，それ以外の**非標本誤差** (nonsampling error) とに分けることが多い。標本誤差とは，枠全体ではなく，その一部を抽出した標本だけを調査することで生じる誤差のことである。定義から明らかなように，標本誤差は標本調査でのみ生じ，枠全体を調べる全数調査では生じない。また**3.1.3**項以降で詳述するように，標本を確率抽出していれば，標本誤差の大きさは統計的に評価できる。

非標本誤差

非標本誤差とは，標本誤差以外の全ての誤差のことであり，それらの大きさは一般に評価が難しい。図3.1では，誤差を代表性に関わる誤差と測定に関わる誤差とに分類している。それぞれ順に見ていこう。

まず，代表性に関わる誤差のうち，**カバレッジ誤差** (coverage error) とは，目標母集団と枠の間のズレから生じる誤差である。調査対象とすべき新規開業の企業が名簿に未掲載であれば，標本としては抽出され得ない。目標母集団の一部が枠に含まれない場合を**アンダーカバレッジ** (under coverage) といい，目標母集団に含まれない対象が枠には含まれる場合を**オーバーカバレッジ** (over coverage) という。成人が目標母集団だが枠には未成年も掲載されているような場合である。

無回答誤差 (nonresponse error) とは，本来回答を得るべき調査対象から回答を得られず，無回答となることで生じる誤差のことである。若年層の男性が**未回収** (unit nonresponse) になれば，結果は高齢層や女性をより多く反映することになる。調査票は回収しても従業員数が**無記入** (item nonresponse) の企業があれば，記入があった企業の従業員数だけを集計しても過小な結果となる。

調整誤差 (adjustment error) とは，カバレッジ誤差や標本誤差，無回答誤差の縮小を目的に，統計的な調整を行うことで生じる誤差のことである。売上高が0のために無記入であった企業の売上高を，0以外の値と推測し補完すればかえって過大な結果となる。

次に，測定に関わる誤差のうち**特定化誤差** (specification error) とは，測定しようとする構成概念と調査項目との間のズレによって生じる誤差のことである。生活の豊かさという構成概念を数値化するために所有物の数を調べ

ても，十分な妥当性があるとは考えにくい。

　測定誤差 (measurement error) とは，本来の回答と調査への回答との間の
ズレによって生じる誤差である。調査への回答は，調査票のデザインや調査
モード（調査員と対面する面接調査か郵送調査か等）の影響を受けて歪んだ
り，社会的に望ましい方向へ偏ることがある。

　処理誤差 (processing error) とは，データの整理・編集過程において生じ
る誤差のことである。本来は正しい値にもかかわらず，極端に大きな値を記
入ミスとみなし，無記入として扱えば誤差が生じる。文章等を手作業でコー
ド化する時のブレも誤差の要因である。

　推測誤差 (inferential error) とは，一般化できる範囲を超えて調査結果を
敷衍してしまう誤りである。相関関係に過ぎない統計調査の結果を因果関係
とみなしてしまう誤りも含まれる。

3.1.3　確率抽出法と非確率抽出法

全ての可能な標本

　ここで改めて標本抽出の考え方を整理しよう。たとえば，1 から 10 の通
し番号がついた 10 人から，重複しない 3 人を標本として選ぶことにする。
標本 3 人の可能な組合せは全部で $T = {}_{10}C_3 = 120$ 通りとなる。たとえば
$\mathcal{S}_1 = \{1, 2, 3\}$ という 3 人の標本もあり得るし，$\mathcal{S}_2 = \{1, 2, 4\}$ という 3 人の
標本もあり得る。大きさ $n = 3$ の標本を抽出するということは，$T = 120$
通りの全ての可能な標本 $\mathscr{S} = \{\mathcal{S}_1, \mathcal{S}_2, \ldots, \mathcal{S}_{120}\}$ のうちから 1 つを選ぶと
いうことに他ならない。

確率抽出法

　標本抽出の方法は**確率抽出法** (probability sampling) と**非確率抽出法**
(nonprobability sampling) に分けられる。確率抽出法とは以下の全ての要
件を満たす抽出方法の総称である。

1. 全ての可能な標本 $\mathscr{S} = \{\mathcal{S}_1, \ldots, \mathcal{S}_T\}$ の各々に対して，それが選ばれる
   確率 $p(\mathcal{S}_1), \ldots, p(\mathcal{S}_T)$ を計算できること
2. 母集団のどの要素も標本に含まれる確率は 0 より大きいこと
3. 確率 $p(\mathcal{S}_1), \ldots, p(\mathcal{S}_T)$ を満たす手続きで標本を抽出すること

　各要件を詳しく見ていこう。まず，$p(\mathcal{S}_1)$ とは T 通りの標本のうち標本 $\mathcal{S}_1$ が選ばれる確率である。標本は T 通りのうち1つだけが選ばれるので，確率の合計は1である。

$$p(\mathcal{S}_1) + \cdots + p(\mathcal{S}_T) = 1 \tag{3.1.1}$$

確率抽出法の1つ目の要件は，各確率 $p(\mathcal{S}_1), \ldots, p(\mathcal{S}_T)$ を合理的に計算できることである。たとえば120通りの標本から1つを等確率で選ぶことにすれば，確率は $p(\mathcal{S}_1) = \cdots = p(\mathcal{S}_{120}) = 1/120$ と計算できる。しかしある町の駅前で100人を標本とする場合には，その標本が選ばれる確率を合理的に計算できない。各標本が選ばれる確率 $p(\mathcal{S}_1), \ldots, p(\mathcal{S}_T)$ の定め方を**標本デザイン（抽出デザイン）** (sampling design) という。確率は標本の間で等しい必要はない。別の例として $p(\mathcal{S}_1) = 1/60$ とし，$p(\mathcal{S}_2) = 0$ としてもよいが，標本デザインによって標本誤差の大きさが変わる点には注意が必要である。

　2つ目の要件の意味を考えるため，通し番号1の人に着目する。全ての可能な標本120通りのうち，通し番号1を含む標本は ${}_9\mathrm{C}_2 = 36$ 通りある。どの標本も選ばれる確率が $1/120$ であれば，通し番号1が標本に含まれる確率は $\pi_1 = 36 \times 1/120 = 3/10$ である。この確率 π_1 を通し番号1の人の**包含確率** (inclusion probability) という。確率 $p(\mathcal{S}_1), \ldots, p(\mathcal{S}_T)$ を計算できれば，包含確率は母集団のいずれの要素についても計算できる。確率抽出法の2つ目の要件は，どの要素も包含確率が $\pi_i > 0$ であり，標本として選ばれる可能性があることである。仮に包含確率が $\pi_i = 0$ であれば，その要素 i は決して標本には選ばれない。

　確率抽出法の利点は，上記の要件を満たすことで，後述のとおり，推定量の標本分布を通して標本誤差の大きさを評価できる点にある。一般に調査結果は母数に一致せず誤差を含むため，結果の利用に当たっては誤差の大きさを考慮する必要がある。いわば有効桁数に留意しつつ，結果数値を解釈しなければならない。多くの標本調査で確率抽出法が用いられるのは，標本誤差の大きさを確率の理論にもとづいて評価できるためである。

非確率抽出法

　非確率抽出法とは，確率抽出法以外の全ての抽出方法の総称である。いくつかの非確率抽出法を以下に紹介する。**割当法** (quota sampling) は，たとえば20代男性は100人，20代女性も100人など，標本となる要素が満たすべき条件と，各条件に割り当てる標本の大きさを前もって定めておき，割当数が確保できるまで条件に合う要素を選び出す方法である。条件に用いる変数の例としては，性別や年齢，地域，国籍などがある。条件さえ満たせば，確率を用いて各要素を選び出す必要はない。割当数の分布を母集団分布に一致させておけば，割当に用いた変数に関しては標本が母集団の縮図となるため，確率抽出が困難な場面では多用される。ただし，割当に用いなかった変数については，標本における分布が母集団分布から見て歪んでいる可能性を否定できない。

　有意抽出法 (purposive sampling) とは，いくつかの変数の分布や平均値，割合等が母集団と標本の間で一致するように標本を選ぶ方法である。割当法と同様に，着目した変数に関しては標本が母集団の縮図になるものの，他の変数に関しては縮図になることが保証されない。他にも**機縁法** (network sampling) や**雪だるま法** (snowball sampling) は伝手を辿って標本となる要素を集めていく方法である。**応募法** (self-selection sampling) は，調査対象自らが標本となることを申し出る方法であり，**便宜法** (convenience sampling) は場当たり的に標本となる要素を決めていく方法である。

　母集団によっては，抽出方法を工夫することで，確率抽出法よりも非確率抽出法の方が標本誤差が小さい場合もないとは言えない。しかし非確率抽出法では，標本誤差の大きさを統計的に評価し，実際に標本誤差が小さいことを示すのは一般に困難である。

　多くの成書では，さまざまな標本抽出法を無作為抽出法と有意抽出法とに大別している。その遠因は，標本調査法発展の歴史的経緯にあると考えられるので概観してみよう。1920年代には，全数でなくとも，その縮図である標本を調査すれば母集団について推測できる，との認識が広まっていた。ただし縮図となるよう標本を抽出する方法には2つの候補があり，いずれが優れているのか論争が続いていた。一方の有意抽出法はKiaerの代表法[2]に端を発し，いくつかの変数の特性が母集団と一致するよう標本を選ぶ方法である。もう一方の無作為抽出法（任意抽出法）は，各要素が抽出される確率を等しくすることで縮図を目指す方法である。実際，1925年の国際統計協会におけるJensen[3]の報告では，両方法をともに母集団への一般化が可能な縮図を得る方法と位置付け，一般化を目的としない他の抽出方法とは区別している。つまり元来，無作為抽出法と有意抽出法は抽出方法全体を包含する分類ではなく，母集団の縮図となる標本の抽出を意図した方法だったのである。しかし日本国内では「無作為」と「有意」という対義語的な訳が広まったため，全ての抽出方法を分類する用語となったのだろう。なお，2つの方法の優劣を巡る論争は，Neymanが有意抽出法を激しく批判する論文[4]を1934年に発表し，決着を見ている。Neymanは実例を挙げながら，有意抽出法では全ての変数に関して縮図になるとは限らないことを理論的に証明したのである。

3.1.4　単純無作為抽出法

復元抽出法と非復元抽出法

　具体的な標本抽出の手順として以下の壺モデルを考えてみよう。

1. 壺の中に，1から N までの通し番号が1つずつ書かれた球が入っている。

2. 壺の中から球を1つ取り出す。番号 i の球が取り出される確率を p_i とする。p_i の合計は1である。一般化するため，確率 p_i は球の間で等しいとは限らないものとする。取り出された球の番号を記録する。

3. 球を取り出す作業を n 回繰り返し，記録された番号に対応する要素を標本とする。

前記の 2 つ目の手順で，一度取り出した球を壺に戻した上で，次の取り出し作業を行う方法を**復元抽出法** (sampling with replacement) とよび，壺に戻さず作業を続ける方法を**非復元抽出法** (sampling without replacement) という。復元抽出法では同じ要素が重複して標本に含まれる可能性があるのに対し，非復元抽出法では重複することはない。そのため現実の標本抽出では非復元抽出法が用いられる。他方，復元抽出法の利点は後述の標準誤差等の計算が容易なことである。標本デザインによっては，複雑な非復元抽出法の計算式に代えて復元抽出法の計算式が用いられる。抽出率 f が小さいときには復元抽出でも要素が重複する可能性は低く，復元抽出法は実質的に非復元抽出法と同等とみなせるからである。

単純無作為抽出法

壺の中にある球の間で確率 p_i が等しい抽出方法を**単純無作為抽出法** (simple random sampling) という（単純無作為抽出法を単に無作為抽出法とよぶことは避けるべきである。確率抽出法のことを無作為抽出法とよぶこともあり，混乱を招くからである）。単純無作為抽出法は最も基本的な確率抽出法の一つである。

復元単純無作為抽出法では，毎回 N 個の球から 1 つを選ぶため，抽出の確率は常に $p_i = 1/N$ である。非復元単純無作為抽出法では，k 回の取り出し終了時点で壺には $N - k$ 個の球が残っており，壺にある各球の抽出の確率は $p_i = 1/(N - k)$ である。球を取り出すたびに抽出の確率 p_i が変わるため，非復元抽出では各球の**包含確率** π_i を考える方が都合がよい。包含確率はどの番号も $\pi_i = n/N$ である。この包含確率は，値としては抽出率 $f = n/N$ に等しいが，包含確率と抽出率とは意味が異なる点に注意が必要である。

個人，世帯，企業などの母集団の大きさを N，標本の大きさを n と表す。調査で得られる結果には，ある政策に賛成／反対のように二値で表現される質的変数や，前月の消費支出額のように量的な連続変数が含まれる。

二値変数の場合，母集団のうち賛成の数が A なら，その割合は $\theta = A/N$ となり，賛成を1，反対を0で表すと，大きさ1の標本の結果である確率変数 y の分布は $P(y = 1 \mid \theta) = \theta, P(y = 0 \mid \theta) = 1 - \theta$ となる。これが母集団の確率分布である。n 人のうち賛成となる数 y の分布は，復元抽出であれば二項分布 $P(y \mid \theta) = \binom{n}{y} \theta^y (1 - \theta)^{n-y}$，非復元抽出であれば超幾何分布 $P(y \mid \theta) = \binom{A}{y} \binom{N - A}{n - y} / \binom{N}{n}$ となる。N が大きいとき，超幾何分布は二項分布に近い。さらに，標本の大きさ n が大きい場合，賛成の標本比率 y/n は期待値 θ，分散 $\theta(1 - \theta)/n$ の正規分布で近似される。

量的変数の場合，母集団における金額 y の値，すなわち母集団分布は N 世帯それぞれの金額 $y_1, \ldots, y_N$ である。y の母集団分布をヒストグラムで表現すると，右のすそが長い（正の歪みをもつ）分布となることが多い。通常，母集団分布を明示的に表現することは難しいが，標本の大きさ n が大きくなるとき，標本平均 $\bar{y} = \sum_1^n y_i/n$ の分布は期待値 θ の正規分布に近づく（**中心極限定理**）。ここで，$\theta = \sum_1^N y_j/N$ は母集団平均である。現実的な解釈は，n が大きい場合，平均 θ，分散 σ^2 をもつ確率分布に対して，大きさ n の標本平均 $\bar{y}$ の分布は，正規分布 $N(\theta, \sigma^2/n)$ で近似できるということである。また，合計の推定量 $N\bar{y}$ の分布は $N(N\theta, N^2\sigma^2/n)$ で近似できる。

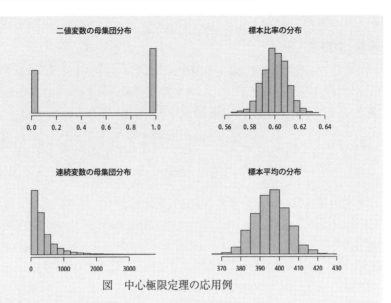

図 中心極限定理の応用例

　図の左上は大きさ $N = 100000$ の母集団において，二値変数で賛成の割合が 0.6 となる例，左下は同じ母集団の連続変数で平均が 395.9 となる例であり，それぞれ正規分布とは全く異なる分布である。図の右側には，この母集団から，大きさ $n = 2500$ の標本を抽出するという実験を繰り返した場合のヒストグラムを示している。その形は正規分布に近く，平均はそれぞれ 0.6，395.9 となっている。

　応用例を示そう。ある集団の体重が平均 $\mu = 55\text{(kg)}$，標準偏差 $\sigma = 8\text{(kg)}$ のとき，体重の分布は正規分布とは異なるため，無作為に抽出された人の体重 y について，正規分布の上側 5% 点が 1.645 という情報を利用しても $P(y < 55 + 1.645 \cdot 8) = 0.95$ という近似は利用できない。しかし，$n = 16$ 人の合計体重 $S = \displaystyle\sum_{j} y_j$ は，中心極限定理から正規分布 $N(n\mu, n\sigma^2)$ で近似される。標準正規分布が 3 を超える確率が 0.003 ということを使えば，$n\mu + 3\sqrt{n}\sigma = 976$ だから，$z = (S - n\mu)/\sqrt{n}\sigma$ として $P(S < 976) = P(z < 3) = 0.997$ という近似が乗り物の設計などに利用できる。

3.1.5　母数の推定

母数と統計量

　この項では母数の推定方法を説明する。母数 θ の中でもまず，全企業の売上高総計といった母集団 $\mathcal{U}$ における総計 τ の推定を考える。要素 i の変数値を y_i とすると，目的とする総計 τ は次式で与えられる。

$$\tau = y_1 + y_2 + \cdots + y_N = \sum_{i \in \mathcal{U}} y_i \tag{3.1.2}$$

ただし，$\displaystyle\sum_{i \in \mathcal{U}}$ は $\mathcal{U}$ に含まれる全ての要素について和を求めることを表す。

　母数の多くは総計から求められる。世帯当たりの年間収入など**母平均** (population mean) μ は，総計 τ と母集団の大きさ N から $\mu = \tau/N$ で求められる。ある意見に賛成の人の割合など**母比率** (population proportion) p は，賛成ならば1，それ以外ならば0という二値変数の母平均である。二値変数の総計 τ は母集団における賛成の人数となるため，二値変数の母平均 $p = \tau/N$ は賛成の割合となる。**母分散** (population variance) σ^2 も母集団における $(y_i - \mu)^2$ の総計，あるいは y_i^2 の総計と τ から求められる。

$$\sigma^2 = \frac{1}{N-1}\sum_{i \in \mathcal{U}}(y_i - \mu)^2 = \frac{1}{N-1}\sum_{i \in \mathcal{U}} y_i^2 - \frac{1}{N(N-1)}\tau^2 \tag{3.1.3}$$

なお，母分散は分母を $N-1$ として定義する（p. 104 のコラム参照）。二値変数の母分散は $\sigma^2 = Np(1-p)/(N-1)$ と表せる。

　母数が母集団分布を特徴づける量であるのに対し，標本 $\mathcal{S}$ から計算される平均値や分散などを**統計量** (statistics) という。統計量の1つである標本平均 $\bar{y}$ は次式で求められる。

$$\bar{y} = \frac{1}{n}\sum_{i \in \mathcal{S}} y_i \tag{3.1.4}$$

標本分散 S^2 は分母を $n-1$ として次式で定義する。ここで，$\displaystyle\sum_{i \in \mathcal{S}}$ は標本 $\mathcal{S}$ に含まれる要素についての和を表す。

$$S^2 = \frac{1}{n-1}\sum_{i \in \mathcal{S}}(y_i - \bar{y})^2 = \frac{1}{n-1}\sum_{i \in \mathcal{S}} y_i^2 - \frac{n}{n-1}\bar{y}^2 \tag{3.1.5}$$

Horvitz-Thompson 推定量

標本 $\mathcal{S}$ を**非復元抽出**した場合，総計 τ の最も基本的な推定方法は，要素 i の包含確率 π_i を用いた次式の **Horvitz-Thompson 推定量** (Horvitz-Thompson estimator)（以下，HT 推定量）である[5]。

$$\hat{\tau} = \sum_{i \in \mathcal{S}} \frac{y_i}{\pi_i} \tag{3.1.6}$$

推定量 (estimator) とは推定のための計算式を意味し，実際に計算して得た値を**推定値** (estimate) という。推定量 $\hat{\tau}$ の上部の＾（ハット）は，$\hat{\tau}$ が母数ではなく推定量であることを表す。HT 推定量は標本 $\mathcal{S}$ から計算されるため，統計量の１つである。

非復元単純無作為抽出標本であれば，各要素の包含確率は $\pi_i = n/N$ である。総計 τ の HT 推定量は次式となって，標本平均 $\bar{y}$ に母集団の大きさ N を乗じればよい。

$$\hat{\tau} = \sum_{i \in \mathcal{S}} \frac{y_i}{n/N} = N \times \frac{1}{n} \sum_{i \in \mathcal{S}} y_i = N \times \bar{y} \tag{3.1.7}$$

大きさ $n = 5$ の標本から求めた企業の売上高の標本平均が $\bar{y} = 8$ であり，母集団の大きさが $N = 2{,}000$ 社であれば，総計の推定値は $\hat{\tau} = 2{,}000 \times 8 = 16{,}000$ となる。

Hansen-Hurwitz 推定量

標本 $\mathcal{S}$ を**復元抽出**した場合，総計 τ の最も基本的な推定方法は，壺モデルで要素 i が選ばれる確率 p_i を用いた次式の **Hansen-Hurwitz 推定量** (Hansen-Hurwitz estimator)（以下，HH 推定量）である[6]。

$$\hat{\tau} = \frac{1}{n} \sum_{i \in \mathcal{S}} \frac{y_i}{p_i} \tag{3.1.8}$$

復元単純無作為抽出標本では，どの要素も $p_i = 1/N$ であるため，総計 τ の HH 推定量は標本平均 $\bar{y}$ に母集団の大きさ N を乗じた次式となる。

$$\hat{\tau} = \frac{1}{n} \sum_{i \in \mathcal{S}} \frac{y_i}{1/N} = N \times \frac{1}{n} \sum_{i \in \mathcal{S}} y_i = N \times \bar{y} \tag{3.1.9}$$

抽出ウェイト

ここで，$w_i = 1/\pi_i$ あるいは $w_i = 1/(np_i)$ とおくと，HT 推定量と HH 推定量はともに次式で表すことができる。

$$
\hat{\tau} = \sum_{i \in \mathcal{S}} w_i y_i = \begin{cases} \displaystyle\sum_{i \in \mathcal{S}} \frac{y_i}{\pi_i} & : \text{HT 推定量} \\[2ex] \displaystyle\sum_{i \in \mathcal{S}} \frac{y_i}{np_i} & : \text{HH 推定量} \end{cases} \tag{3.1.10}
$$

この w_i を**抽出ウェイト**（乗率・乗数・倍率・復元乗率・拡大乗率・推計乗率）(sampling weight) という。単純無作為抽出法では $\pi_i = n/N$ あるいは $p_i = 1/N$ であるため，どの要素も抽出ウェイトは $w_i = N/n$ となる。なお，すべての要素の抽出ウェイトが等しい標本を**自己加重標本** (self-weighting sample) という。単純無作為抽出標本は自己加重標本の1つである。

抽出ウェイトの意味を明確にするため，どの要素も値が1という変数 $y_i = 1$ を考えてみよう。母集団における総計は $\tau = \displaystyle\sum_{i \in \mathcal{U}} 1 = N$ となり，HT 推定量や HH 推定量は $\hat{\tau} = \displaystyle\sum_{i \in \mathcal{S}} w_i \times 1 = \sum_{i \in \mathcal{S}} w_i$ となる。つまり，抽出ウェイト w_i の標本合計は母集団の大きさ N の推定量である。そのため，抽出ウェイト w_i は，その要素 i が母集団において代表する要素の数と解釈できる。どの標本企業も抽出ウェイトが $w_i = N/n = 2,000/5 = 400$ であれば，標本の各社は母集団の400社を代表していることになる。抽出ウェイトによる加重変数値 $w_i y_i$ は，標本の1社から推定した400社の売上高合計の推定量となり，標本5社の加重変数値の合計 $\displaystyle\sum_{i \in \mathcal{S}} w_i y_i$ は母集団2,000社の売上高総計の推定量となる。

標本分布と不偏推定量

用いる標本デザインや推定量は同じでも，抽出される標本に応じて推定値は変わり得る。ある標本では売上高総計の推定値が $\hat{\tau} = 16,000$ でも，別の標本では $\hat{\tau} = 18,000$ かもしれない。どういった推定値にどの程度なり得るのか表す確率分布を推定量の**標本分布** (sampling distribution) という。

推定量 $\hat{\theta}$ の標本分布の平均を推定量の**期待値** (expectation) とよび，$E(\hat{\theta})$

と表す。総計 τ の推定であれば、標本によって推定値は $\hat{\tau} = 18,000$ の可能性もあるし、$\hat{\tau} = 16,000$ の可能性もあるが、期待値 $E(\hat{\tau})$ とはそれら全ての平均である。一般に標本 $\mathcal{S}$ による母数 θ の推定値を $\hat{\theta}(\mathcal{S})$ とし、標本 $\mathcal{S}$ が選ばれる確率を $p(\mathcal{S})$ とすると、期待値 $E(\hat{\theta})$ は次式で定義される。

$$E(\hat{\theta}) = \sum_{\mathcal{S} \in \mathscr{S}} \hat{\theta}(\mathcal{S}) p(\mathcal{S}) \tag{3.1.11}$$

推定値 $\hat{\theta}$ は必ずしも母数 θ と一致せず、標本によっては θ より大きかったり、逆に小さかったりする。しかし、平均的には母数と一致することが望ましい。推定量の期待値 $E(\hat{\theta})$ と母数 θ との差 $B(\hat{\theta}) = E(\hat{\theta}) - \theta$ を**偏り** (bias) とよび、$B(\hat{\theta}) = 0$ つまり $E(\hat{\theta}) = \theta$ となる推定量を**不偏推定量** (unbiased estimator) という。HT 推定量と HH 推定量はいずれも総計 τ の不偏推定量である（121 ページのコラム参照）。

母平均・母比率の推定

ここでは、母数 θ の中でも母平均 μ の推定を考える。不偏推定量 $\hat{\mu}$ は、総計の不偏推定量 $\hat{\tau}$ を母集団の大きさ N で割ればよい。

$$\hat{\mu} = \frac{1}{N}\hat{\tau} = \frac{1}{N}\sum_{i \in \mathcal{S}} w_i y_i \tag{3.1.12}$$

母比率 p は値が 1 または 0 の二値変数 y_i の母平均であるため、その不偏推定量 $\hat{p}$ は母平均の不偏推定量 $\hat{\mu}$ と同じ式となる。

単純無作為抽出法では $w_i = N/n$ のため、母平均の不偏推定量 $\hat{\mu}$ は標本平均 $\bar{y}$ に等しくなる。

$$\hat{\mu} = \frac{1}{N}\sum_{i \in \mathcal{S}} w_i y_i = \frac{1}{N}\sum_{i \in \mathcal{S}} \frac{N}{n} y_i = \frac{1}{n}\sum_{i \in \mathcal{S}} y_i = \bar{y} \tag{3.1.13}$$

当然、母比率の不偏推定量 $\hat{p}$ は標本比率に等しい。

ところで、抽出ウェイト w_i の標本合計 $\sum_{i \in \mathcal{S}} w_i = \hat{N}$ は、母集団の大きさ N の不偏推定量である。そこで、母平均 μ や母比率 p の推定量としては、総計の不偏推定量 $\hat{\tau}$ を母集団の大きさ N で割る代わりに、その推定量 $\hat{N}$ で割った加重平均 $\hat{\mu}_w$ も考えられる。

$$\hat{\mu}_w = \frac{1}{\hat{N}}\hat{\tau} = \frac{1}{\sum_{i \in \mathcal{S}} w_i}\sum_{i \in \mathcal{S}} w_i y_i \tag{3.1.14}$$

単純無作為抽出法では $\hat{N} = \sum_{i \in \mathcal{S}} w_i = \sum_{i \in \mathcal{S}} N/n = N$ となるため，$\hat{\mu}_w$ は不偏推定量 $\hat{\mu}$ に一致する。一般には $\hat{N} \neq N$ のため $\hat{\mu}_w \neq \hat{\mu}$ であり，$\hat{\mu}_w$ は不偏推定量ではない。しかし，次項で述べる推定量の分散は $\hat{\mu}$ よりも $\hat{\mu}_w$ の方が小さいことが多く，母平均や母比率の推定量としては一般に加重平均 $\hat{\mu}_w$ が用いられる。

3.1.6　標準誤差の推定

不偏推定量の分散・標準誤差

標本に応じて推定値は $\hat{\tau} = 18,000$ や $\hat{\tau} = 16,000$ など変わり得るが，そのバラツキの大きさを表す指標を推定量の**分散** (variance) という。一般に推定量 $\hat{\theta}$ の分散を $V(\hat{\theta})$ と表し，次式で定義する。

$$V(\hat{\theta}) = E\left\{\left[\hat{\theta} - E(\hat{\theta})\right]^2\right\} = \sum_{\mathcal{S} \in \mathscr{S}} \left[\hat{\theta}(\mathcal{S}) - E(\hat{\theta})\right]^2 p(\mathcal{S}) \tag{3.1.15}$$

また，推定量の分散の平方根 $\sqrt{V(\hat{\theta})}$ を**標準誤差** (standard error) とよび，$SE(\hat{\theta})$ と表す。つまり標準誤差とは，推定量 $\hat{\theta}$ の標本分布の標準偏差のことである。なお，後述する推定量 $\hat{\theta}$ の標準偏差の推定量 $\sqrt{\hat{V}(\hat{\theta})}$ も標準誤差とよぶ。

標準誤差は，標本誤差を評価する指標の 1 つであり，不偏推定量であれば標準誤差は小さいほど望ましい。推定値の誤差 $|\hat{\theta} - \theta|$ は大きくなりにくいことを意味するからである。しかし，標準誤差の値は，そのままでは大きさの判断が難しい。重さを表す変数の単位を kg から g に変えれば，標準誤差の値は 1,000 倍になってしまう。また，一般に推定値が大きいほど標準誤差も大きくなる。そこで，期待値や推定値に対する標準誤差の相対的な値 $CV(\hat{\theta}) = SE(\hat{\theta})/E(\hat{\theta})$ あるいは $CV(\hat{\theta}) = SE(\hat{\theta})/\hat{\theta}$ を**標準誤差率**（**変動係数**）(coefficient of variation) とよび，$V(\hat{\theta})$ や $SE(\hat{\theta})$ とともに，一般に結果の**精度** (precision) を表す指標として用いる。

なお，推定量のバラツキの大きさを母数 θ を中心として指標化した量を**平均二乗誤差** (mean square error) とよび，**正確さ** (accuracy) を表す指標として用いる。

$$\text{MSE}(\hat{\theta}) = E\left[(\hat{\theta} - \theta)^2\right] = V(\hat{\theta}) + \left[B(\hat{\theta})\right]^2 \qquad (3.1.16)$$

不偏推定量では $V(\hat{\theta}) = \text{MSE}(\hat{\theta})$ である。

具体的に総計 τ の不偏推定量の分散 $V(\hat{\tau})$ を見ていこう（導出の概要については 121 ページのコラム参照）。まず，HT 推定量の分散は次式となる。

$$V(\hat{\tau}) = \sum_{i \in \mathcal{U}} \sum_{j \in \mathcal{U}} (\pi_{ij} - \pi_i \pi_j) \frac{y_i}{\pi_i} \frac{y_j}{\pi_j} \qquad (3.1.17)$$

ただし，π_{ij} は二次の包含確率とよばれ，要素 i と j が同時に標本に含まれる確率である。また，HH 推定量の分散 $V(\hat{\tau})$ は次式となる。

$$V(\hat{\tau}) = \frac{1}{n} \sum_{i \in \mathcal{U}} p_i \left(\frac{y_i}{p_i} - \tau\right)^2 \qquad (3.1.18)$$

単純無作為抽出法における不偏推定量の分散・標準誤差

単純無作為抽出法では，包含確率は $\pi_i = n/N$ と $\pi_{ij} = n(n-1)/N(N-1)$ $(i \neq j)$ および $\pi_{ii} = n/N$ であり，抽出の確率は $p_i = 1/N$ であることを用いると，不偏推定量の分散 $V(\hat{\tau})$ は次式で与えられる。

$$V(\hat{\tau}) = \begin{cases} N^2 \left(1 - \dfrac{n}{N}\right) \dfrac{\sigma^2}{n} & : \text{HT 推定量} \\[3mm] N^2 \left(1 - \dfrac{1}{N}\right) \dfrac{\sigma^2}{n} & : \text{HH 推定量} \end{cases} \qquad (3.1.19)$$

図 3.2 は，母集団の大きさを $N = 10,000$ とし，母分散を $\sigma^2 = 200^2$ として，標本の大きさ n ごとの標準誤差 $SE(\hat{\tau}) = \sqrt{V(\hat{\tau})}$ を描いたものである。

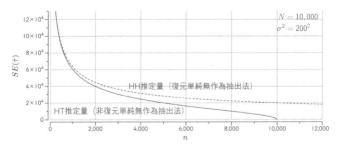

図 3.2 HT 推定量と HH 推定量の標準誤差

図 3.2 や (3.1.19) 式から分かることとして，まず，標本の大きさ n が大きい
ほど標準誤差は小さい。ただし，標準誤差は n の平方根にほぼ反比例し，n
が大きくなるにつれて標準誤差の減少幅は小さくなる。次に，非復元抽出の
方が標準誤差は小さく，n が大きいほど復元抽出との差は広がる。復元抽
出では要素が重複する可能性が高まるからである。非復元抽出では $n = N$
のとき全数調査となり，標準誤差は 0 となる。両者の差は主に HT 推定量の
$V(\hat{\tau})$ に含まれる係数 $1 - n/N$ によるものであり，この係数を**有限母集団修
正項** (finite population correction term) という。

　母平均の不偏推定量 $\hat{\mu}$ の分散は $V(\hat{\mu}) = V(\hat{\tau})/N^2$ である。さらに，母比
率の不偏推定量 $\hat{p}$ の分散は，母分散が $\sigma^2 = Np(1-p)/(N-1)$ であること
を用いて次式となる。

$$
V(\hat{p}) = \begin{cases} \dfrac{N-n}{N-1}\dfrac{p(1-p)}{n} & : \text{HT 推定量} \\[3mm] \dfrac{p(1-p)}{n} & : \text{HH 推定量} \end{cases} \tag{3.1.20}
$$

　図 3.3 には，さまざまな N と n について，母比率 p に応じた HT 推定量
の標準誤差 $SE(\hat{p}) = \sqrt{V(\hat{p})}$ を示した。図 3.3 から読み取れることとしてま
ず，標準誤差は母比率が $p = 0.5$ のとき最大となる。つまり標準誤差は，母
集団において賛否が半々のときに最大となり，全員が賛成または反対のとき
に 0 となる。次に，母集団の大きさ N が異なっても，標本の大きさ n がた
とえば $n = 100$ など同じであれば，標準誤差も同じような値となる。つま
り調査結果の精度は，抽出率 $f = n/N$ よりも標本の大きさ n に依存する。

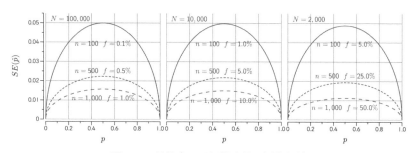

図 3.3 母比率の不偏推定量の標準誤差

不偏推定量の分散の不偏推定量

標本誤差の大きさは一般に標準誤差や標準誤差率で評価する。しかし，たとえば (3.1.19) 式の分散 $V(\hat{\tau})$ の計算には，母分散 σ^2 の値が必要である。母分散 σ^2 の値は知られていないため，$V(\hat{\tau})$ の値も標本から推定することになる（以下の導出については，121 ページのコラム参照）。HT 推定量の分散 $V(\hat{\tau})$ の不偏推定量は，母集団の全ての i と j の組合せについて $\pi_{ij} > 0$ という条件の下で，次式で与えられる。

$$\hat{V}(\hat{\tau}) = \sum_{i \in \mathcal{S}} \sum_{j \in \mathcal{S}} \frac{\pi_{ij} - \pi_i \pi_j}{\pi_{ij}} \frac{y_i}{\pi_i} \frac{y_j}{\pi_j} \tag{3.1.21}$$

上式では $\hat{V}$ の上部の ^ が，分散 $V(\hat{\tau})$ の推定量であることを示している。また，HH 推定量の分散 $V(\hat{\tau})$ の不偏推定量は，次式で与えられる。

$$\hat{V}(\hat{\tau}) = \frac{1}{n(n-1)} \sum_{i \in \mathcal{S}} \left(\frac{y_i}{p_i} - \hat{\tau} \right)^2 \tag{3.1.22}$$

以上を用いると，単純無作為抽出法では $\hat{\tau}$ の分散 $V(\hat{\tau})$ の不偏推定量は，標本分散 S^2 を用いて次式のように表される。

$$\hat{V}(\hat{\tau}) = \begin{cases} N^2 \left(1 - \dfrac{n}{N}\right) \dfrac{S^2}{n} & : \text{HT 推定量} \\[4mm] N^2 \dfrac{S^2}{n} & : \text{HH 推定量} \end{cases} \tag{3.1.23}$$

母平均の不偏推定量 $\hat{\mu}$ の場合には $\hat{V}(\hat{\mu}) = \hat{V}(\hat{\tau})/N^2$ であり，母比率の不偏推定量 $\hat{p}$ の場合には，$S^2 = n\hat{p}(1-\hat{p})/(n-1)$ であることを用いると次式となる。

$$\hat{V}(\hat{p}) = \begin{cases} \left(1 - \dfrac{n}{N}\right) \dfrac{\hat{p}(1-\hat{p})}{n-1} & : \text{HT 推定量} \\[4mm] \dfrac{\hat{p}(1-\hat{p})}{n-1} & : \text{HH 推定量} \end{cases} \tag{3.1.24}$$

　本書では有限母集団修正項を $1 - n/N$ と定義した。しかし有限母集団修正項を $(N - n)/(N - 1)$ と定義する統計学の入門書も多い。この違いは，主に母分散の定義の違いによるものである。母分散の定義として，以下の 2 通りを考える。

$$
母分散 = \begin{cases} \dfrac{1}{N} \displaystyle\sum_{i \in \mathcal{U}} (y_i - \mu)^2 & = \sigma_{\mathrm{WR}}^2 \\[3mm] \dfrac{1}{N - 1} \displaystyle\sum_{i \in \mathcal{U}} (y_i - \mu)^2 & = \sigma_{\mathrm{WOR}}^2 \end{cases}
$$

大きさ n の単純無作為抽出標本では，復元抽出と非復元抽出のそれぞれの場合について，母平均の不偏推定量 $\hat{\mu}$ の分散は 2 通りの母分散を用いて次式のように表せる。

$$
V(\hat{\mu}) = \begin{cases} \dfrac{1}{n} \times \dfrac{1}{N} \displaystyle\sum_{i \in \mathcal{U}} (y_i - \mu)^2 & = \dfrac{\sigma_{\mathrm{WR}}^2}{n} & = \left(1 - \dfrac{1}{N}\right) \dfrac{\sigma_{\mathrm{WOR}}^2}{n} & : 復元抽出 \\[3mm] \dfrac{1}{n} \times \dfrac{N - n}{N(N - 1)} \displaystyle\sum_{i \in \mathcal{U}} (y_i - \mu)^2 = \left(\dfrac{N - n}{N - 1}\right) \dfrac{\sigma_{\mathrm{WR}}^2}{n} & = \left(1 - \dfrac{n}{N}\right) \dfrac{\sigma_{\mathrm{WOR}}^2}{n} & : 非復元抽出 \end{cases}
$$

また，不偏推定量の分散 $V(\hat{\mu})$ の不偏推定量は次式となる。

$$
\hat{V}(\hat{\mu}) = \begin{cases} \dfrac{1}{n} \times \dfrac{1}{n - 1} \displaystyle\sum_{i \in \mathcal{S}} (y_i - \bar{y})^2 & = \dfrac{S^2}{n} & : 復元抽出 \\[3mm] \dfrac{1}{n} \times \left(1 - \dfrac{n}{N}\right) \times \dfrac{1}{n - 1} \displaystyle\sum_{i \in \mathcal{S}} (y_i - \bar{y})^2 = \left(1 - \dfrac{n}{N}\right) \dfrac{S^2}{n} & : 非復元抽出 \end{cases}
$$

　一般に，統計学では母集団からの復元抽出を前提とし，母分散を σ_{WR}^2 で定義する。復元抽出のときの $V(\hat{\mu})$ と $\hat{V}(\hat{\mu})$ を見比べると，標本分散 S^2 は σ_{WR}^2 の不偏推定量であることが分かる。さらに，母分散を σ_{WR}^2 とすると，非復元抽出のときの推定量の分散 $V(\hat{\mu})$ は，復元抽出のときの $V(\hat{\mu})$ に $(N - n)/(N - 1)$ を乗じた形となり，これが有限母集団修正項となる。

　しかし，標本調査の分野では，非復元抽出を前提とするのが現実的である。非復元抽出のときの $V(\hat{\mu})$ と $\hat{V}(\hat{\mu})$ を見比べると，標本分散 S^2 は σ_{WOR}^2 の不偏推定量であることが分かる。そのため母分散は σ_{WOR}^2 で定義すると都合がよい[7]。さらに，非復元抽出のときの $\hat{V}(\hat{\mu})$ は，復元抽出のときの $\hat{V}(\hat{\mu})$ に $1 - n/N$ を乗じた形となるため，これを有限母集団修正項としている。

3.1.7 標本の大きさの決定

標本を大きくすれば，一般に標本誤差は小さくなり結果の精度は高まるが，調査のコストは上昇する。標本調査は，ある程度の標本誤差は許容した上で，より小さな標本に対し丁寧に実査管理を行うことで非標本誤差の拡大を抑え，総調査誤差を小さくするとともに，コストも抑制しようとする方法である。そのため標本の大きさ n を決めるには，まず，結果の利用に当たって許容できる標本誤差の大きさ，つまり最低限必要な精度を定める必要がある。これを**目標精度** (required precision) という。次に，その目標精度を達成するのに必要な標本の大きさ n を理論式から逆算する。

例として $N = 1,000,000$ の女子高校生の身長（cm）の母平均 μ を推定する場合を考えよう。目標精度として，推定値の誤差 $|\hat{\mu} - \mu|$ を $100 \times (1 - \alpha)\%$ の確率で e 以下としたいものとする。これは次式で表現できる。

$$\Pr(|\hat{\mu} - \mu| \le e) = 1 - \alpha \tag{3.1.25}$$

第4章の「**4.4.1項 信頼区間**」に記述する信頼区間の式 (4.4.1) と見比べれば $e = z_{\alpha/2} se(\hat{\mu})$ である。さらに，非復元単純無作為抽出とするのであれば，標準誤差の式から次式が成り立つ。

$$e = z_{\alpha/2} se(\hat{\mu}) = z_{\alpha/2} \sqrt{\left(1 - \frac{n}{N}\right) \frac{\sigma^2}{n}} \tag{3.1.26}$$

これを n について解けば，必要な標本の大きさ n は次式で求められる。

$$n = \frac{N}{\left(\dfrac{e}{z_{\alpha/2}}\right)^2 \dfrac{N}{\sigma^2} + 1} \tag{3.1.27}$$

$N \to \infty$ のときの標本の大きさは $n' = (\sigma Z_{\alpha/2}/e)^2$ となる。このとき $1/n' = 1/n - 1/N$ だから，$n = n'N/(N + n')$ であり，$N/(N + n')$ が有限母集団の効果である．

具体的な目標精度を $e = 0.1$ と $\alpha = 0.05$ とすると，母分散が $\sigma^2 = 5.4^2$ であれば，$n \approx 11,078$ となる。このように，必要な標本の大きさ n の算出には，一般に母分散 σ^2 が必要である。現実には，過去の調査や予備調査などを通じて σ^2 を見積もることになる。上の例は非復元単純無作為抽出の場合であったが，一般には標本デザインに応じた標準誤差の式を用いる必要がある。

なお，目的が母比率 p の推定のときには (3.1.27) 式は次式となる。

$$n = \frac{N}{\left(\dfrac{e}{z_{\alpha/2}}\right)^2 \dfrac{N-1}{p(1-p)} + 1} \approx \frac{N}{e^2(N-1)+1} \tag{3.1.28}$$

2 つ目の近似式は，$\alpha = 0.05$ のとき $z_{\alpha/2} = 1.96$ であることと，母比率の推定量の標準誤差は $p = 0.5$ のときに最大となることから，$z_{\alpha/2}^2 p(1-p) = 1.96^2 \cdot 0.5 \cdot 0.5 \approx 1$ とした場合である。さらに，N が非常に大きいときには $n \approx 1/e^2$ と近似することもできる。たとえば，推定値の誤差を 95 ％ の確率で 1 ポイント以下にしたいのであれば，標本の大きさは $n \approx 1/0.01^2 = 10,000$ とする必要がある。

3.1.8　無回答への対応

無回答の影響と無回答への対応

統計調査では一般に，データが得られない**無回答** (nonresponse) が生じる。無回答には，要素単位での**未回収** (unit nonresponse) と変数単位での**無記入** (item nonresponse) とがあり，いずれも誤差の要因となる（「**3.1.2 項非標本誤差**」参照）。無回答による影響の 1 つは，利用可能なデータ件数の減少による標準誤差の拡大である。別の影響は，回答標本と無回答標本の間の差異による結果の偏りである。

無回答による偏りを考えるため，変数 y_i に関して母集団が回答群と無回答群とに分かれているとしよう。それぞれの大きさは N_R と N_N であり，変数 y_i の平均は μ_R と μ_N である。これを無回答に対する決定論的な考え方という。母平均 μ は次式となる。

$$\mu = \frac{N_R}{N}\mu_R + \frac{N_N}{N}\mu_N \tag{3.1.29}$$

単純無作為抽出標本のうちの回答群の平均値 $\bar{y}_R$ を母平均の推定量とすると，その偏りは次式となる。

$$B(\bar{y}_R) = E(\bar{y}_R) - \mu = \mu_R - \mu = \frac{N_N}{N}(\mu_R - \mu_N) \tag{3.1.30}$$

偏りは無回答群の割合 N_N/N すなわち無回答率と，回答群と無回答群の間の平均差 $\mu_R - \mu_N$ の積によって決まるため，単に回答率の大きさだけでは偏りの程度は判断できない。もし両群間に平均差がなければ，無回答率が高

くても偏りは生じない。しかし平均差が大きければ，無回答率が低くても偏りは生じる。

　無回答への対処法としては，その発生要因を明らかにし，調査の実施方法をあらゆる点において工夫することで無回答そのものを減らすことが最重要である。また，結果の偏りは回答群と無回答群の間の差異の大きさに依存するため，無回答標本の特性把握に努めることも必要である。そのためにはパラデータ (paradata) の活用も有効である。パラデータとは，データの収集過程に関するデータの総称である。回収率はもちろん，回答の日時や回答に要した時間，調査対象の態度等もパラデータの例である。統計的なデータ処理によって無回答に対処するとしても，それは最後の手段である。

　統計的な対処を行うには，回答や無回答が，各々所定の群で生じるのではなく，要素ごとに確率的に発生すると考える方が都合がよい。要素 i が標本として選ばれたという条件の下で，変数 y_i が回答される確率 ϕ_i を考えるのである。これを無回答に対する確率論的な考え方という。このとき，回答標本の平均値 $\bar{y}_R$ で母平均 μ を推定すると，偏りは次式となる（121 ページのコラム参照）。

$$B(\bar{y}_R) \approx \frac{\sigma_{y\phi}}{\mu_\phi} \tag{3.1.31}$$

ただし，$\sigma_{y\phi}$ は変数 y_i と回答確率 ϕ_i の母共分散であり，μ_ϕ は回答確率 ϕ_i の母平均である。もし回答確率の母平均 μ_ϕ が大きく回答率が高ければ，偏りは小さい。回答確率 ϕ_i が要素間でほぼ一定であったり，変数 y_i と相関がなく $\sigma_{y\phi}$ が 0 に近い場合も，偏りは小さい。

　つまり，統計的な対処を考える上では，回答確率 ϕ_i と変数 y_i との間の関係を整理しておく必要がある。まず，回答確率 ϕ_i が一定で，変数 y_i とは無関係の場合を MCAR (Missing Completely At Random) という。推定に利用可能なデータ件数は減るため標準誤差は拡大するが，$\sigma_{y\phi} = 0$ なので偏りは生じない。次に，回答確率 ϕ_i は一定ではないが，標本全体について得られる変数群 $\boldsymbol{x}_i$ のみによって定まる場合を MAR (Missing At Random) という。回答確率が年齢層の間では異なっても，年齢層の中で一定であれば，年齢層ごとに推定することで偏りは生じない。最後に，回答確率 ϕ_i が変数群 $\boldsymbol{x}_i$ だけでなく変数 y_i とも関係している場合を MNAR (Missing Not At Random) という。現実のデータは MNAR に近く，統計的な対処を行って

も偏りは残ることが多いと考えられる。

　無回答への統計的な対処法としては，主に**補完（補定・代入）**(imputation) と**ウェイト調整** (weighting adjustment) とがある。補完は，無回答となった変数値を推測した値で補う方法である。主に変数単位での無記入に用いられるが，要素単位での未回収にも適用可能である。ウェイト調整は，回答標本の抽出ウェイトを拡大することで無回答標本による不足分を補うものであり，要素単位での未回収に用いられる。

補完

　補完の方法には大きく分けると，補完値を「作り出す」方法と「探し出す」方法とがある。「作り出す」方法としては，回答標本の平均値を補完値とする平均値補完や，変数 y_i を他の変数で予測する回帰モデル等を構成し，その予測値を補完値とする回帰補完や比補完，予測値にさらに乱数による誤差を加える確率的回帰補完などがある。当然，補完値を生成する適切なモデル設定が求められる。「探し出す」方法は，無回答の要素と似た要素を回答標本の中から見つけ出し，マッチした要素の変数値を補完値とする方法である。同じ調査データの中からマッチングさせる場合をホットデックとよび，他の調査データを用いる場合をコールドデックという。パネル調査では，自身の過去の変数値を補完値とする LOCF (Last Observation Carried Forward) もある。マッチングに用いる適切な基準の設定や，マッチする要素が見つからない場合への対処が求められる。

　補完の利点は，「きれいな」データが得られることである。ただし，元の回答と補完値とを区別できるよう，補完値にはフラグを立てておく必要がある。補完値は推測値であり誤差を含むが，その誤差を考慮しないと，調査結果全体の誤差を過小に見積もることになる。補完の誤差を考慮するために，補完値を1つとする**単一代入法（単一補完法）** (single imputation) ではなく，複数の補完値を用意することで補完値の不確実さを表現する**多重代入法（多重補完法）** (multiple imputation) を用いることもある。

ウェイト調整

　ウェイト調整は主に2段階で行う（ウェイト調整は，適格性に関する調整

も含めた3段階で行うことが望ましいが，本書では割愛する）。1段階目では回答標本の各要素の回答確率 ϕ_i を推定し，元の抽出ウェイトを $\tilde{w}_i = w_i/\hat{\phi}_i$ と調整する。抽出ウェイト w_i は各要素が標本となる確率の逆数 $1/\pi_i$ であり，正しい w_i を用いれば不偏推定が可能である。同様に考えれば，各要素が標本として選ばれ，かつ回答となる確率の逆数 $1/(\pi_i\phi_i)$ をウェイトとすることで，偏りがない推定を行える。回答確率 ϕ_i は，MAR であれば，標本全体について得られる変数 $\boldsymbol{x}_i$ を用いて求められる。仮に性・年齢層が $\boldsymbol{x}_i$ であれば，性・年齢層別の回答率が ϕ_i の推定量となり，$\hat{\phi}_i = 1/2$ であれば元の抽出ウェイトは2倍される。より多数の変数が $\boldsymbol{x}_i$ に含まれる場合には，回答・無回答を目的変数とし，$\boldsymbol{x}_i$ を説明変数とした決定木分析やロジスティック回帰分析などを用いて ϕ_i の推定を行う。

　ウェイト調整の2段階目は，既知の母集団情報を利用して調整用係数 g_i を求め，ウェイトを $w_i^c = \tilde{w}_i g_i$ とさらに調整する。調整によって，母集団の大きさの推定値であるウェイトの標本合計と真値とを一致させるのである。たとえば，1段階目の $\tilde{w}_i$ を男性の回答標本 $\mathcal{S}_{R,\text{男}}$ について合計した値 $\sum_{i \in \mathcal{S}_{R,\text{男}}} \tilde{w}_i = \hat{N}_{\text{男}}$ は，母集団における男性の人数 $N_{\text{男}}$ の推定量である。仮に $\hat{N}_{\text{男}}$ と $N_{\text{男}}$ が一致しなければ，男性の回答標本の $\tilde{w}_i$ に $g_i = N_{\text{男}}/\hat{N}_{\text{男}}$ を乗じることで，その合計は $\sum_{i \in \mathcal{S}_{R,\text{男}}} \tilde{w}_i g_i = N_{\text{男}}$ となる。女性についても同様である。この方法を性別による**事後層化** (poststratification) という。性別という単一の変数に限らず，複数の変数に関して同時に母集団における真値に一致するようウェイトを調整することを，一般にウェイトの**キャリブレーション** (calibration) という。事後層化はキャリブレーション方法の1つであり，他に**一般回帰推定** (generalized regression) や**レイキング** (raking) といった方法もある。詳細は土屋 (2009)[8] を参照されたい。

　母数に関する推定は，元の抽出ウェイト w_i の代わりに，最終的に得られたウェイト $w_i^c = w_i/\hat{\phi}_i \times g_i$ と回答標本 $\mathcal{S}_R$ を用いて行う。総計 τ の推定であれば，次式となる。

$$\hat{\tau}_c = \sum_{i \in \mathcal{S}_R} w_i^c y_i = \sum_{i \in \mathcal{S}_R} \frac{w_i}{\hat{\phi}} g_i y_i \tag{3.1.32}$$

§ 3.2 さまざまな標本抽出方法

3.2.1 系統抽出法（等間隔抽出法）

系統抽出法（等間隔抽出法） (systematic sampling) は，現実の標本抽出場面では，単純無作為抽出法に代えて用いられることが多い標本デザインである。その手順は以下のとおりである。

まず，大きさ N の母集団の各要素に 1 から N までの通し番号をつける。次に，1 から N までの一様乱数 a を 1 つ発生させる。この a を**開始番号** (random start) という。最後に，**抽出間隔** (sampling interval) d を定め，通し番号が $a,\ a+d,\ a+2d,\dots,a+(n-1)d$ の要素を標本とする。例として，大きさ $N = 1{,}000$ の母集団から大きさ $n = 20$ の標本を抽出間隔 $d = 7$ で系統抽出してみよう。一様乱数による開始番号が $a = 138$ であれば，通し番号 138, 145, 152,...,271 の要素が標本となる。仮に，抽出すべき通し番号が N を超えた場合には，枠の先頭に戻って抽出を続ければよい。つまり，ある k で $a+kd > N$ となれば，通し番号が $a+kd-N,\ a+(k+1)d-N,\dots$ の要素を標本とする。先の例で開始番号が $a = 989$ であれば，通し番号 989, 996, 3, 10,...,122 の要素が標本となる。

図 3.4 系統抽出法（抽出間隔 $d = 7$）

抽出間隔 d の定め方を考えるため，大きさ $N = 10$ の母集団から大きさ $n = 3$ の標本を系統抽出することにする。抽出間隔を $d = 4$ とすると，全ての可能な標本 $\mathscr{S}$ は以下の10通りとなる。

{1,5,9}, {2,6,10}, {3,7,1}, {4,8,2}, {5,9,3}, {6,10,4}, {7,1,5}, {8,2,6}, {9,3,7}, {10,4,8}

系統抽出を行うということは，どの標本も確率を $1/10$ として標本 1 つを選ぶことに相当する。要素 1 の包含確率は，要素 1 を含む標本が 3 通りあるの

で，$\pi_1 = 3 \times 1/10 = 3/10$ となる。他のどの要素も包含確率は $\pi_i = 3/10$ である。次に，抽出間隔を $d = 1$ とすると，全ての可能な標本 $\mathscr{S}$ は以下の 10 通りとなる。

{1,2,3}, {2,3,4}, {3,4,5}, {4,5,6}, {5,6,7}, {6,7,8}, {7,8,9}, {8,9,10}, {9,10,1}, {10,1,2}

包含確率は，どの要素もやはり $\pi_i = 3/10$ である。つまり，非復元抽出となる抽出間隔 d であれば，どの要素も包含確率は $\pi_i = n/N$ となるため，その点では d をいくつに定めてもよい。

そこで，$d = N/n$ とするのが1つの方法である。枠内で，たとえば規模の順に要素が並んでいれば，$d \approx N/n$ とすることで，標本には大規模な要素から小規模な要素まで漏れなく含まれることになる。系統抽出法は単純無作為抽出標本と比べてより母集団の縮図になりやすく，標本誤差は縮小する。

ただし，要素の並び順に何らかの周期があり，それが抽出間隔と同期してしまうと，かえって標本誤差は拡大する。たとえば要素が男女交互に並んでいる場合に，抽出間隔を偶数とすると男性ばかり，あるいは女性ばかりの標本となる。そこでこの例では，抽出間隔は奇数とするのがよい。

3.2.2 層化抽出法

層化抽出法

層化（層別）抽出法 (stratified sampling) は，母集団をあらかじめ**層** (stratum) とよばれる複数の部分集団に分割しておき，どの層からも独立に所定の大きさの標本を抽出する方法である。たとえば都道府県や企業規模等で調査対象を層化しておけば，どの都道府県や企業規模からも標本が抽出される。標本は母集団の縮図となり，単純無作為抽出法と比べて標本誤差が縮小すると期待できるため，層化抽出法は多くの調査で積極的に用いられる。

層化抽出法を採用する理由としては他にも，層ごとの推定精度の確保が挙げられる。日本全体に加え都道府県ごとの結果も必要なときには，都道府県で層化すれば，標本は確実に全都道府県から抽出される。また，抽出のための枠が都道府県ごとに整備されているとき，標本の抽出を都道府県に委託すれば，結果的に都道府県を層とする層化抽出となる。

標本デザインは層の間で異なってもよい。ある層では全数調査とし，別の層では非復元単純無作為抽出法としてもよい。層の間で抽出が独立であるため，抽出ウェイトの計算や母数の推定は層ごとに行う。層 h の大きさを N_h とし，大きさ n_h の標本 $\mathcal{S}_h$ を単純無作為抽出すれば，$\mathcal{S}_h$ の各要素の抽出ウェイトは $w_i = N_h/n_h$ となる。層 h の合計 τ_h の不偏推定量は $\hat{\tau}_h = \sum_{i \in \mathcal{S}_h} w_i y_i$ である。

母集団全体の総計 τ の不偏推定量やその分散は，各層の不偏推定量 $\hat{\tau}_h$ やその分散 $V(\hat{\tau}_h)$ を合計すればよい。つまり，層の総数を H とすると，総計 τ の不偏推定量は

$$\hat{\tau} = \hat{\tau}_1 + \hat{\tau}_2 + \cdots + \hat{\tau}_H = \sum_{h=1}^{H} \hat{\tau}_h = \sum_{h=1}^{H} \sum_{i \in \mathcal{S}_h} w_i y_i = \sum_{i \in \mathcal{S}} w_i y_i \tag{3.2.1}$$

となり，不偏推定量 $\hat{\tau}$ の分散は次式となる。

$$V(\hat{\tau}) = V(\hat{\tau}_1) + V(\hat{\tau}_2) + \cdots + V(\hat{\tau}_H) = \sum_{h=1}^{H} V(\hat{\tau}_h) \tag{3.2.2}$$

ただし，標準誤差 $SE(\hat{\tau}) = \sqrt{V(\hat{\tau})}$ は各層の標準誤差 $SE(\hat{\tau}_h) = \sqrt{V(\hat{\tau}_h)}$ の和とはならない点に注意が必要である。

標本の割り当て

標本全体の大きさが n のとき，層 h に割り当てる標本の大きさ n_h を定める主な方法としては，**均等割当** (equal allocation)，**比例割当** (proportional allocation)，**Neyman 割当** (Neyman allocation) がある。

$$n_h = \begin{cases} n \times \dfrac{1}{H} & : 均等割当 \\[2mm] n \times \dfrac{N_h}{N} & : 比例割当 \\[2mm] n \times \dfrac{N_h \sigma_h}{\sum_{h=1}^{H} N_h \sigma_h} & : \text{Neyman 割当} \end{cases} \tag{3.2.3}$$

ただし，σ_h は層 h の母標準偏差である。

均等割当は，各層の標本の大きさ n_h を等しくする方法である。層の大きさ N_h が異なれば，抽出率 $f_h = n_h/N_h$ も異なる。しかし図3.3に示すよう

に，比率の推定量の標準誤差は抽出率よりも標本の大きさに依存するため，n_h を等しくすれば標準誤差もほぼ等しくなる。

比例割当は，層の大きさ N_h に比例した大きさの標本を割り当て，層間で抽出率 $f_h = n/N$ を等しくする方法である。どの層でも単純無作為抽出すれば，抽出ウェイトは全て $w_i = N/n$ となり，自己加重標本が得られる。ただし，現実には丸め誤差のため，必ずしも厳密な自己加重標本とはならない。

Neyman 割当[9]（名称の由来は Neyman (1934) だが，最初に提案したのは Tschuprow (1923) といわれている）は，標本の大きさ n_h を層の大きさ N_h と母標準偏差 σ_h の積に比例させる方法である。各層の抽出率は σ_h に比例する。たとえば，企業規模で層化し Neyman 割当を行えば，一般に大規模層ほど σ_h は大きいため抽出率は大きくなり，母集団と比べて大企業の割合が高い標本が抽出される。

推定量 $\hat{\tau}$ の標準誤差は標本の割当方法によって異なる。各層で単純無作為抽出するとき，標準誤差が最小となるのは変数 y_i の母標準偏差 σ_h を用いた Neyman 割当である。ただし，変数 y_i を用いた Neyman 割当は，別の変数 x_i に関しては不適当な割当となり，比例割当よりも標準誤差が拡大するおそれがある。層間で σ_h に大きな差がなければ，比例割当は Neyman 割当に近い。特に母比率の推定が目的であれば，層間で $\sigma_h = \sqrt{N_h p_h (1 - p_h)/(N_h - 1)}$ は大きく異ならず，一般に比例割当が用いられる。ただし，層間で N_h が極端に異なると，小さな層にはその層の推定に必要な大きさの標本が割り当てられない。そこで，まずどの層にも最小限の標本を均等割当し，残りを比例割当することで，層ごとおよび母集団全体の両者の推定精度をバランスよく確保することもある。

デザイン効果

一般に，ある標本デザインの相対的な精度（の低さ）を表す指標として，次式を**デザイン効果** (design effect) という。

$$\text{Deff} = \frac{\text{ある標本デザインの標本に基づく推定量の分散}}{\text{同じ大きさの非復元単純無作為抽出標本に基づく推定量の分散}} \quad (3.2.4)$$

分母を復元単純無作為抽出法とした定義もある。不等加重効果 $\text{UWE} = n \sum_{i \in \mathcal{S}} w_i^2 / (\sum_{i \in \mathcal{S}} w_i)^2$ をデザイン効果とよぶこともある。デザイン効果は，非

復元単純無作為抽出法に代えて，その標本デザインを採用することによる精度の向上あるいは低下の程度を表す指標である。デザイン効果が1より小さいと，その標本デザインによって精度は向上することを表し，逆に1を上回ると精度が失われることを意味する。

標本を比例割当し，各層で非復元単純無作為抽出する層化抽出法のデザイン効果は，層 h の母平均を μ_h とすると次式で近似できる。

$$\mathrm{Deff} \approx \frac{\displaystyle\sum_{h=1}^{H} N_h \sigma_h^2}{\displaystyle\sum_{h=1}^{H} N_h \sigma_h^2 + \sum_{h=1}^{H} N_h (\mu_h - \mu)^2} \tag{3.2.5}$$

上式によれば，層間で μ_h が似た値のときには $\mathrm{Deff} \approx 1$ となり，層化抽出法の精度は非復元単純無作為抽出法と同程度である。一方，層間で μ_h が大きく異なるときには $\mathrm{Deff} \ll 1$ となるので，層化抽出法の精度は向上する。つまり，層化抽出法で標本誤差を縮小するためには，層間で μ_h の差が大きくなるように層化するとよい。

3.2.3　規模比例確率抽出法

規模比例確率抽出法

層化抽出法において，企業規模で層化し Neyman 割当を行うと，大企業ほど抽出率が大きくなり，推定量の標準誤差は縮小することを説明した。規模で層化する代わりに，標本として選ばれる確率をその要素の規模に比例させ，より多くの大規模な要素を抽出する標本デザインが**規模比例確率抽出法（確率比例抽出法）**（probability proportional-to-size sampling）である。規模を表す変数を x_i とすると，要素 i の包含確率を $\pi_i \propto x_i$ とする，あるいは壺モデルで要素 i が抽出される確率を $p_i \propto x_i$ とするのである。

復元抽出法で考えてみよう。HH 推定量の分散は，**3.1.6** 項の「不偏推定量の分散・標準誤差」で紹介したとおり，一般に次式となる。

$$V(\hat{\tau}) = \frac{1}{n} \sum_{i \in \mathcal{U}} p_i \left(\frac{y_i}{p_i} - \tau \right)^2 \tag{3.2.6}$$

仮に，要素 i が抽出される確率 p_i を y_i に比例させて $p_i = y_i/\tau \propto y_i$ とできれば，$V(\hat{\tau}) = 0$ となる。つまり，どの標本が選ばれても推定値 $\hat{\tau}$ は母数 τ に一致する。現実には y_i は事前に分からず，$p_i \propto y_i$ とすることは不可能である。しかし，変数 y_i にほぼ比例した変数 x_i が知られていれば，$p_i \propto x_i$ とすることで単純無作為抽出法よりも推定量の分散 $V(\hat{\tau})$ を小さくできる。なお，抽出ウェイトは，規模変数 x_i の母集団における総計を τ_x とすると，非復元抽出・復元抽出ともに $w_i = \tau_x/(nx_i)$ である。

系統抽出法を利用した規模比例確率抽出法

実際に規模比例確率抽出を行うときには，系統抽出法を利用した以下の手順に従うことが多い。

1. 枠内で要素の並び順に従って規模変数 x_i を累積する。
2. 系統抽出法の開始番号を 0 と τ_x の間の一様乱数 a とし，抽出間隔を d とすると，規模の累積値がそれぞれ，$a, a+d, a+2d, \dots, a+(n-1)d$ をはじめて超える要素を標本とする。ある k で $a + kd > \tau_x$ となれば，$a + kd - \tau_x$ として枠の先頭に戻ればよい。

図 3.5 は，大きさ $N = 50$ の母集団の各要素の規模（カッコ内の値）を累積し，数直線上に示したものである。規模の合計は $\tau_x = 29605$ である。標本の大きさを $n = 5$ とし，乱数による開始番号が 20882 のとき，抽出間隔を $\tau_x/n = 5921$ とすれば，矢印を含む要素 $\mathcal{S} = \{35, 46, 6, 15, 25\}$ が規模比例確率抽出された標本となる。

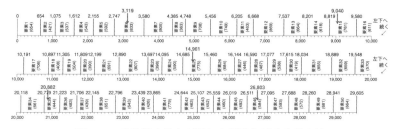

図 3.5 系統抽出法を利用した規模比例確率抽出法

不偏推定量に対する批判としてBasu の象[10) はよく知られており，以下に紹介する。

サーカスの支配人は，50 頭の象を運搬するため，総重量を見積もる必要があった。象の体重測定は厄介なので，体重は1頭だけを測り，総重量を推計できるとよい。さて，どの象の体重を測ればよいだろうか。支配人は記録を探し，3 年前の象の体重一覧を見つけ出した。3 年前は，50 頭のうち中くらいの大きさのサンボが平均的な体重の象であった。調教師に確認したところ，サンボは今でも平均的な体重だろうとのことである。そこで支配人はサンボの体重を測り，50 頭の象の総体重 $Y = Y_1 + Y_2 + \cdots + Y_{50}$ の推定値として $50y$（y はサンボの現在の体重）を用いることにした。ところが，サーカスの統計学者は，支配人の有意抽出計画を聞いて真っ青になり，「それでどうやって不偏推定値が得られるんです？」と詰め寄った。2 人は妥協案を何とか探ることにし，乱数表を用いてサンボには 99/100 の抽出の確率を割り当て，残りの 49 頭の象には等しく 1/4900 の確率を割り当てる案を考え出した。当然サンボが選ばれるため，支配人としては満足だった。「どうやって Y を推定するつもりですか？」と統計学者が尋ねる。「何ですって？ もちろん $50y$ で推定しますよ」と支配人。「まさか！ それは正しくありません。最近読んだ Annals of Mathematical Statistics の論文の中で，Horvitz-Thompson 推定量が全ての一般化多項式不偏推定量のクラスの中で唯一の超許容推定量であることが証明されているんです。」「この場合の Horvitz-Thompson 推定量はどうなるんでしょうか？」と支配人は深く感銘を受けて尋ねた。「我々の計画ではサンボが選ばれる確率は 99/100 なので，」と統計学者は答えた。「Y の適切な推定値は $50y$ ではなく $100y/99$ ですね。」「では，Y の推定値は，」と納得のいかない支配人は続けた。「仮に大きな象のジャンボが選ばれたら，どうなるんですか？」「Horvitz-Thompson 推定量について私が理解したところによれば，」と浮かない顔で統計学者は言った。「Y の適切な推定値は，y をジャンボの体重とすると $4900y$ になります。」こうして統計学者はサーカスをクビになった（そして，おそらく統計学の教師になったのだろう）。

　この小噺は，不偏推定量の分散が過大となる可能性を指摘している。それでは統計学者はどう対応すべきだったのだろうか。不偏推定量を用いるのであれば，サンボの確率を99/100とした抽出ではなく，3年前の体重 x_i による規模比例確率抽出を行うのがよい。単純無作為抽出法と比べても不偏推定量の分散は縮小したであろう。もしサンボの確率を99/100とするのであれば，象1頭あたりの体重の母平均を $\hat{\mu}_w = \sum_{i \in \mathcal{S}} w_i y_i / \sum_{i \in \mathcal{S}} w_i$ で推定し，母集団の大きさ $N = 50$ を乗じることで総重量を推定するのが1つの方法である。標本の象が1頭であれば，$50 w_i y_i / w_i = 50 y_i$ となって，支配人の提案どおりの推定量となる。あるいは，3年前の体重の総計 τ_x とその推定量 $\hat{\tau}_x$ を利用し，$\tau_x \times \hat{\tau}/\hat{\tau}_x = \tau_x \times \sum_{i \in \mathcal{S}} w_i y_i / \sum_{i \in \mathcal{S}} w_i x_i$ とする方法もある。標本が1頭であれば $\tau_x \times y_i / x_i$ となる。比を利用するこれらの推定方法を**比推定量** (ratio estimator) という。ただし，比推定量を用いるには，一般にある程度の大きさの標本が必要である。

3.2.4　多段抽出法

集落抽出法

　集落抽出法 (cluster sampling) とは，母集団を分割した**集落** (cluster) を抽出単位として抽出を行い，選ばれた集落内の全ての要素を標本とする方法である。調査対象が小学生であれば，小学校を抽出し，選ばれた小学校に在籍する全ての小学生を標本とする。事業所を選び，その事業所の全従業員を標本とする方法や，町丁字を抽出し，その町丁字の全世帯を標本とする方法も集落抽出法である。

　集落抽出法が用いられるのは，調査対象である要素のリストは入手が困難だが，集落のリストは利用可能な場合である。母集団における小学生や従業員，世帯の名簿は存在しなくとも，小学校や事業所，町丁字のリストは比較的容易に入手できる。また，調査対象が集落内に寄り集まっているため，面接調査のコストを軽減できるという利点もある。標本世帯が日本全国に点在するよりは，いくつかの地域に集中している方が効率的に訪問できる。

　集落抽出法では抽出単位が集落であるため，抽出ウェイトも集落単位で考えればよい。母集団 $\mathcal{U}$ は M 個の集落に分割されるとする。

$$\mathcal{U} = \mathcal{U}_1 \cup \mathcal{U}_2 \cup \cdots \cup \mathcal{U}_M \tag{3.2.7}$$

単純無作為抽出法で m 個の集落を抽出するのであれば，抽出ウェイトはどの集落の要素も $w_i = M/m$ となる。集落の大きさ N_a で集落を規模比例確率抽出する場合は，集落 $\mathcal{U}_a$ 内の要素の抽出ウェイトは $w_i = N/(mN_a)$ となる。

一般に，集落抽出法は単純無作為抽出法よりも標本誤差が大きい。簡単のため，母集団の M 個の集落の大きさは全て等しく $\bar{N}$ とする。集落を非復元単純無作為抽出するとき，集落抽出法のデザイン効果は次式で近似できる（土屋 (2009)[8] 参照）。

$$\mathrm{Deff} \approx 1 + (\bar{N} - 1)\rho \tag{3.2.8}$$

ただし ρ は**級内相関係数** (intraclass correlation coefficient) とよばれ，集落 $\mathcal{U}_a$ の母平均を μ_a とすると次式で定義される。

$$\rho = 1 - \frac{\bar{N}}{\bar{N}-1} \frac{\displaystyle\sum_{a=1}^{M} \sum_{i \in \mathcal{U}_a} (y_i - \mu_a)^2}{\displaystyle\sum_{a=1}^{M} \sum_{i \in \mathcal{U}_a} (y_i - \mu)^2} \tag{3.2.9}$$

級内相関係数は $-1/(\bar{N}-1) \le \rho \le 1$ であり，集落内が同質で y_i が似た値をとるほど ρ は大きな値となる。

級内相関係数は一般に $\rho > 0$ なので，集落抽出法のデザイン効果は $\mathrm{Deff} > 1$ となり，$\bar{N}$ が大きいほど推定量の分散は拡大する。デザイン効果は標本の大きさ $n = m\bar{N}$ を固定して評価するため，$\bar{N}$ が大きいということは，抽出する集落の数 m が少ないということを意味する。つまり，より少数の大きな集落を抽出するほど推定量の精度は下がる。また，集落内の要素が同質で ρ が大きい場合も精度は低下する。

集落抽出法で標本誤差の拡大を抑える方法はいくつかある。集落を自由に構成できるのであれば，各集落は小さくするとともに，集落内には異質な要素を含めるとよい。たとえば，対象地域を分割した小地域を抽出単位とし，選ばれた小地域内の世帯等を標本とする方法があり，これを**エリアサンプリング** (area sampling) とよぶことがある。地域の区切りは必ずしも行政区画に従う必要はないため，各小地域はできる限り小さくし，より多くの小地域

を選ぶようにする。ただし，地域が小さいほど集落内の同質性は高まり，級内相関係数が大きくなる点には注意が必要である。また，層化抽出法の併用も望ましい。さらに，集落の間で大きさ N_a が異なるのであれば，集落を N_a で規模比例確率抽出するのも 1 つの方法である。集落を単純無作為抽出する場合と比べ，抽出する集落の数 m は同じでも，標本の大きさ n はより大きくなる。

多段抽出法

　集落抽出法において，選ばれた集落の中でさらに一部の要素だけを抽出すると，**二段抽出法** (two-stage sampling) となる。一段目で事業所を抽出し，二段目で従業員を抽出する場合や，一段目で町丁字を抽出し，二段目で世帯や住民を抽出する場合である。さらに，一段目で学校，二段目で学級を抽出し，三段目として，選ばれた学級の中で児童を抽出すると**三段抽出法** (three-stage sampling) となる。一般に，各段で選ばれた集落の中でさらに抽出を繰り返す方法を**多段抽出法** (multistage sampling) という。各段の抽出単位をそれぞれ**第一次抽出単位** (primary sampling unit) （以下，PSU），**第二次抽出単位** (secondary sampling unit) （以下，SSU），**第三次抽出単位** (tertiary sampling unit) とよび，最後の段の抽出単位を**最終抽出単位** (ultimate sampling unit) という。

　一般に集落内は同質性が高い。集落抽出法で集落内の全要素を標本としても，集落内ではお互いに似ており，「ムダ」が多いのである。そこで，標本の大きさ n が一定であれば，集落抽出法とするよりも，各集落内で標本とする要素は一部にとどめ，他に多くの集落を標本とする方が一般に標本誤差は小さくなる。つまり，二段抽出法では，より多くの PSU を抽出し各 PSU 内で抽出する SSU の数を少なくする方が，少ない PSU を抽出し各 PSU 内で多くの SSU を抽出するよりも推定量の分散は小さい。

　多段抽出法では，各要素の抽出ウェイトは，直前の段までの標本が選ばれたという条件の下での各段における抽出ウェイトを全て掛け合わせればよい。たとえば，一段目で M 校から m 校を単純無作為抽出し，二段目で N_a 人の児童から n_a 人を単純無作為抽出するのであれば，抽出ウェイトは $w_i = M/m \times N_a/n_a$ となる。

　二段抽出法で自己加重標本を得るには，主に2つの方法がある．まず，PSUを単純無作為抽出し，どのPSUでも同じ抽出率 f_{II} でSSUを単純無作為抽出する方法である．一段目の抽出ウェイト M/m と二段目の抽出ウェイト $N_a/n_a = f_{\mathrm{II}}^{-1}$ がともにそれぞれ一定となるため，最終的な抽出ウェイト w_i も要素間で等しくなる．

$$w_i = \frac{M}{m} \times \frac{N_a}{n_a} = \frac{M}{m f_{\mathrm{II}}} \tag{3.2.10}$$

この方法は，あらかじめPSUの大きさ N_a が未知のときに用いられる．ただし，抽出されるPSUによって標本の大きさ n は異なる．

　もう1つは，PSUをその大きさ N_a で規模比例確率抽出し，どのPSUでも同数 $\bar{n}$ のSSUを単純無作為抽出する方法である．一段目の抽出ウェイトは $N/(mN_a)$ となり，二段目の抽出ウェイトは $N_a/\bar{n}$ となるので，最終的な抽出ウェイト w_i はどの要素も等しくなる．

$$w_i = \frac{N}{mN_a} \times \frac{N_a}{\bar{n}} = \frac{N}{m\bar{n}} = \frac{N}{n} \tag{3.2.11}$$

この方法は，事前にPSUの大きさ N_a が知られており，各町丁字内では同数の世帯を標本とするなどPSU内で抽出するSSUの数を一定にしたい場合に用いられる．抽出される標本の大きさ n も標本によらず一定となる．

(1) HT 推定量の不偏性と分散

I_i を要素 i が標本に含まれるとき 1，含まれないときに 0 という値をとる変数と定義すると，HT 推定量は $\hat{\tau} = \sum_{i \in \mathcal{S}} \dfrac{y_i}{\pi_i} = \sum_{i \in \mathcal{U}} I_i \left(\dfrac{y_i}{\pi_i}\right)$ と表現できる。

確率的に変動するのは I_i だけで，その期待値は $E(I_i) = \pi_i$，I_i, I_j の共分散は $C(I_i, I_j) = \pi_{ij} - \pi_i \pi_j (\pi_{ii} = \pi_i)$ となる。したがって，推定量の期待値は
$$E(\hat{\tau}) = \sum_{i \in \mathcal{U}} E(I_i)(y_i/\pi_i) = \sum_{i \in \mathcal{U}} \pi_i (y_i/\pi_i) = \sum_{i \in \mathcal{U}} y_i = \tau$$
となり，不偏推定量である。

HT 推定量の分散は，$V(\hat{\tau}) = C(\hat{\tau}, \hat{\tau}) = C\left(\sum_{i \in \mathcal{U}} I_i \dfrac{y_i}{\pi_i}, \sum_{j \in \mathcal{U}} I_j \dfrac{y_j}{\pi_j}\right) = \sum_{i \in \mathcal{U}} \sum_{j \in \mathcal{U}} C(I_i, I_j) \dfrac{y_i}{\pi_i} \dfrac{y_j}{\pi_j} = \sum_{i \in \mathcal{U}} \sum_{j \in \mathcal{U}} (\pi_{ij} - \pi_i \pi_j) \dfrac{y_i}{\pi_i} \dfrac{y_j}{\pi_j}$ である。$V(\hat{\tau})$ の推定量

(3.1.21) 式が不偏であることは，これを $\hat{V}(\hat{\tau}) = \sum_{i \in \mathcal{U}} \sum_{j \in \mathcal{U}} I_i I_j \dfrac{\pi_{ij} - \pi_i \pi_j}{\pi_{ij}} \dfrac{y_i}{\pi_i} \dfrac{y_j}{\pi_j}$

と変形し，$\in (I_i I_j) = \pi_{ij}$ であることからわかる。

(2) HH 推定量の不偏性と分散

Z を $\Pr(Z = y_i/p_i) = p_i$ $(i = 1, \ldots, N)$ という確率変数として，$Z_1, \ldots, Z_N$ をこの分布に従う独立な確率変数とすると，Z の期待値は
$$E(Z) = \sum_{i=1}^{N} p_i (y_i/p_i) = \tau, \quad \text{分散は} \quad V(Z) = \sum_{i=1}^{N} p_i (y_i/p_i - \tau)^2$$
である。HH 推定量は $\hat{\tau} = (1/n) \sum_{i \in \mathcal{U}} I_i (y_i/p_i) = \bar{Z}$ と表され，これは独立な n 個の変数の平均だから，その期待値と分散は $E(\hat{\tau}) = \tau$ および $V(\hat{\tau}) = V(Z)/n$ となる。また，$\sum_{i \in \mathcal{U}} (Z_1 - \bar{Z})^2/(n-1)$ が $V(Z)$ の不偏推定量となることは無限母集団についての議論から明らかである。

(3) $B(\bar{y}_R) \approx \sigma_{y\phi}/\mu_\phi$（107 ページ）の導出

変数 R_i を，標本に含まれる要素 i が回答したとき 1，無回答のときに 0 とすると，回答標本の平均値 $\bar{y}_R = \sum_{i \in \mathcal{S}_R} y_i/n_R$ は $\bar{y}_R = \sum_{i \in \mathcal{U}} I_i R_i y_i / \sum_{i \in \mathcal{U}} I_i R_i$ と表される。ここで $\sum_{i \in \mathcal{S}_R}$ は標本中の回答群に関する合計，n_R は回答した標本の大きさである。仮定から $E(I_i) = n/N$，$E(R_i | I_i) = \phi_i$ であり，

$E(I_i R_i) = E[I_i E(R_i|I_i)] = (n/N)\phi_i$ だから，分母の期待値は $E(n_R) = \sum_{i \in \mathcal{U}} E(I_i R_i) = n \sum_{i \in \mathcal{U}} \phi_i/N = n\mu_\phi$ となる。また，分子の期待値は $E(\sum_{i \in \mathcal{S}_R} y_i) = \sum_{i \in \mathcal{U}} E(I_i R_i)y_i = n \sum_{i \in \mathcal{U}} \phi y_i/N$ となる。$\bar{y}_R$ の分子と分母はそれぞれ確率変数だが，$\bar{y}_R$ の期待値は近似的に分子，分母を期待値で置き換えたもの，すなわち $E(\bar{y}_R) \approx \dfrac{\sum_{i \in \mathcal{U}} \phi y_i/N}{\mu_\phi}$ で与えられる。したがって偏りは $B(\bar{y}_R) \approx \dfrac{\sum_{i \in \mathcal{U}} \phi y_i/N}{\mu_\phi} - \mu = \dfrac{\sum_{i \in \mathcal{U}} \phi y_i/N - \mu_\phi \mu}{\mu_\phi}$ となり，この式の分子は y と ϕ の共分散 $\sigma_{y\phi}$ である。

(4) 母集団分散 σ^2 の $N-1$ で割る定義

これは W.G.Cochran[7]，の提案であり，N で割る定義より便利な場合もそうでない場合もある。いずれにせよ，N が大きいときの有限母集団修正項は近似的に $1-f=1-n/N$ で与えられる。

(5) 不偏性に関する注意点

コラム「Basu の象」（116 ページ）で不偏性に関する注意点を記したが，不偏性についてはさらに注意が必要である。大きさ 1 の標本を利用して，すべての象の重さ $y_1,\dots,y_N$ を「同時に」不偏推定することは可能であり，たとえば，確率 $1/N$ で任意の象を選んで重さ y を計り，その象の推定量を Ny，その他の象の推定量を 0 とすればよい。このとき，合計 $\tau = \sum_{\mathcal{U}} y_i$ の不偏推定量として $\sum \hat{y}_i = Ny$ を用いることができる。Basu の例で単純無作為抽出を用いてジャンボが抽出されたとき合計を $50y$ と推定するのがこの方法であるが，サーカスの支配人はこの議論にも賛成しないだろう。何回も測定を繰り返したときには $\hat{y}_i$ の平均値は y_i に一致する（不偏性の意味）が，現実に大きな象と小さな象がいて，その内の大きな象を計った場合には，その他の小さな象（したがって合計）については何もわからない，というのが正直な判断である。象の重さでなく，互いに無関係な N 世帯の所得の調査についても事情は同じであり，実際に調査した n 世帯については完全にわかるが，調査されなかった残りの $(N-n)$ 世帯については，全く情報が得られないのではないだろうか。この問題については，ベイズ統計の立場からの回答がある。興味のある読者は美添[11] を参照されたい。

参考文献

1) Lavrakas, P.J. (2013) Presidential address: Applying a total error perspective for improving research quality in the social behavioral, and marketing sciences. *The Public Opinion Quarterly*, **77**, 831–850.

2) Kiaer, A.N. (1897) Den repræsentative undersøgelsemethode. *Cristiania videnskabsselskabs skrifter*, Historiskfilosofiske Klasse, No.4.

3) Jensen, A. (1926) Report on the representative method in statistics, *Bulletin of the International Statistical Institute*, **22**, 359–380.

4) Neyman, J. (1934) On the two different aspects of the representative methods: The method of stratified sampling and the method of purposive selection, *Journal of the Royal Statistical Socieity*, **97**, 558–606.

5) Horvitz, D.G. & Thompson, D.J. (1952) A generalization of sampling without replacement from a finite universe. *Journal of the American Statistical Association*, **47**, 663–685.

6) Hansen, M.H. & Hurwitz, W.N. (1943) On the theory of sampling from a finite population. *Annals of Mathematical Statistics*, **14**, 333–362.

7) Cochran, W.G. (1977) *Sampling Techniques*, (3rd ed.) Wiley.

8) 土屋隆裕 (2009) 概説 標本調査法, 朝倉書店.

9) Tschuprow, A.A. (1923) On the mathematical expectation of the moments of frequency distributions in the case of correlated observations, *Metron*, **2**, 461–493, 646–680.

10) Basu, D. (1971) An essay on the logical foundations of survey sampling, Part 1. In V.P.Godambe and D.A.Sprott (Eds.) *Foundations of statistical inference* (pp.203–242). Toronto: Holt, Rinehart & Winston.

11) 中村隆英・新家健精・美添泰人・豊田敬 (1992) 経済統計入門（第2版），東京大学出版会，第2章「標本調査」付論.

4. 調査データの利活用

この章での目標

■ データ分析の主要な方法について確認する
■ 散布図と相関係数について理解する
■ 回帰分析について理解を深める
■ 統計的推測の考え方について理解する
■ 分析結果のまとめ方について知識を得る

■■■ Key Words

- 度数分布，ヒストグラム，箱ひげ図
- 位置の指標，ちらばりの指標，変数の標準化
- 相関係数
- 回帰分析（単回帰，重回帰）
- 信頼区間と仮説検定
- データの集計と適切な表現方法
- 単純集計とクロス集計
- 多変量解析（主成分分析，因子分析，コレスポンデンス分析，クラスター分析）

§4.1 データの分析

　この節では，データ分析の基礎となる1変数および2変数の分析を対象として，各手法の意味や利用場面などについて解説する。

4.1.1 変数とその分類

　定型データは各列に**変数** (variable)，各行に観測値を並べた行列の形で表現される。表4.1は総務省統計局の「家計調査」の一部を示したもので，IDは世帯番号，x_1 は住居の所有形態（持ち家が1，借家などが0），x_2 は世帯人数（人），x_3 は世帯主年齢（歳），x_4 は実収入，x_5 は消費支出，x_6 は食費（金額は千円）である。IDを除いて，x_1 から x_6 までが分析の対象となる変数である。行方向に並んでいる**観測値**は具体的には統計の対象となる個人，世帯，事業所，製品などに対応する。

表4.1　勤労者世帯（世帯人数二人以上）

ID	x_1	x_2	x_3	x_4	x_5	x_6
1	0	3	35	330	282	91.3
2	1	2	43	430	314	25.8
⋮				⋮		
4012	1	5	51	652	567	32.2
平均	0.765	3.42	48.0	431.5	319.2	70.6

変数の分類

　変数の型によって適切な分析手法やグラフの種類は異なる。この視点からの1つの分類基準は**質的変数（カテゴリ変数）**と**量的変数**である。家計調査の例では，住居の所有形態は質的変数，その他は量的変数である。質的変数として，他にも性別（男・女），世帯主の職業などがある。質的変数の取りうる値をカテゴリとよぶことが多い。職業については，公的統計で共通して利用される「日本標準職業分類」があり，大分類には「A－管理的職業従事者」，「B－専門的・技術的職業従事者」から「L－分類不能の職業」までが

定められている。これらの例では変数を数字で表現したとしても，その大きさや順番には数量としての意味はない。一方，最終学歴を「1. 中学校」「2. 高等学校」「3. 大学」「4. 大学院」とすると，順序はあるが，数値の大きさに明確な意味はない。このような質的変数を**順序尺度**とよび，これに対して男女や職業分類のように順序のない質的変数を**名義尺度**とよぶことがある。一方，アメリカのように，初等中等教育は6年，大学卒業は12年などの就学年数を用いる場合は量的変数とみなすこともある。

　量的変数のうち，世帯人数のように1, 2, … という値をとる変数を**離散的変数**，身長や体重のように連続的な値をとる変数を**連続的変数**とよぶ。毎月の支出額は1円刻みだから連続ではないが，最小単位に比べて変数の範囲が大きいため，分析上は連続とみなす。試験の場合，100点満点なら連続とみなすことが多いものの，10点満点は離散として扱う方が自然である。

　時系列データと**横断面データ**（**クロス・セクションデータ**）を区別することもある。時系列データとは，同一の対象に対して継続的に観測されるデータであり，ある都市の毎日の気温や，ある小売店舗の毎月の売上金額などがその例である。時間の順序に意味があるから，前年に対する比較などの処理が行われる。これに対して横断面データとは，ある時点または期間を固定したデータであり，家計調査の対象約8000世帯の2020年10月中の消費支出額などが該当する。横断面データでは，世帯の順番にはほとんど意味がない。

4.1.2　度数分布とグラフ表現

　質的変数および**離散的**な量的変数については，変数の値ごとに出現する**度数**を数えて，**度数分布表**とよばれる表の形に整理する。なお，度数の合計を100%または1とする割合で表現したものを**相対度数**とよぶ。

　質的変数については，カテゴリごとに度数を表示する棒グラフを作成する。順序尺度の場合はカテゴリの順番は固定されるが，名義尺度の場合は，度数の大きさの順にカテゴリを並べ替えることもある。

　これに対して，変数の大きさが意味をもつ量的変数については，もう少し注意が必要である。表4.2は国勢調査による1985年と2015年の世帯数の度数分布であり，世帯人員7人以上の数はまとめている。その相対度数分布を表す**棒グラフ**が図4.1である。国勢調査は全数調査だから（絶対）度数で表

表**4.2** 世帯人員別世帯数（国勢調査，単位 1000 世帯）

年	1人	2人	3人	4人	5人	6人	7人〜	総数
1985	7,895	6,985	6,813	8,988	4,201	1,985	1,112	37,980
2015	18,418	14,877	9,365	7,069	2,403	812	388	53,332

現することにも意味があるが，標本調査であれば相対度数の方が解釈しやすい。相対度数は比較のためにも有用であり，図4.1の相対度数は，この30年間に4人以上の世帯が減少し単身者世帯が増加したことを明瞭に示している。このように，変数がさまざまな値をとる様子を**分布**と表現する。

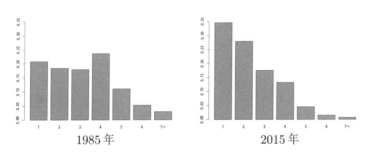

1985年　　　　　　　　2015年

図**4.1** 世帯人数の度数分布（国勢調査）

連続的な量的変数の度数分布表を作成するためには，まず，変数をいくつかの**階級**に分ける必要がある。表4.3は，標本3000世帯の「光熱・水道費」（単位千円）を用いて作成した度数分布表である。この例では，最小値は1.6，最大値は72.8で，階級の幅を5（千円）として，全体で15の階級に分類した（階級の境界は小さい方に含めた）。度数を小さい階級から積み上げたものが**累積度数**である。合計を1とした相対度数を累積すると**累積相対度数**となる。各階級の**代表値**または**階級値**として階級の真ん中の値を選ぶことが多い。階級値はその階級に含まれる観測値の平均に近いが，厳密には一致しない。

　階級を k 個とした度数分布表の一般型を表 4.4 に示す。変数を x と書

表4.3　光熱・水道費の度数分布表（単位：千円）

階級	階級値	度数	累積度数	相対度数	累積相対度数
0〜5	2.5	5	5	0.002	0.002
5〜10	7.5	245	250	0.082	0.084
10〜15	12.5	792	1042	0.264	0.348
15〜20	17.5	822	1864	0.274	0.622
20〜25	22.5	553	2417	0.184	0.806
25〜30	27.5	303	2720	0.101	0.907
30〜35	32.5	138	2858	0.046	0.953
35〜40	37.5	67	2925	0.022	0.975
40〜45	42.5	46	2971	0.015	0.990
45〜50	47.5	19	2990	0.006	0.996
50〜55	52.5	5	2995	0.002	0.998
55〜60	57.5	3	2998	0.001	0.999
60〜65	62.5	1	2999	0.000	0.999
65〜70	67.5	0	2999	0.000	0.999
70〜75	72.5	1	3000	0.000	0.999
	計	3000	-	0.999	-

（注）四捨五入のために相対度数の和は1になっていない。

くと，階級に上限を含む場合の階級は $a_1 < x \le a_2$, $a_2 < x \le a_3$ などとなる。階級値は $m_j = (a_j + a_{j+1})/2$ とすることが多い。累積度数は $F_1 = f_1$, $F_2 = F_1 + f_2$, ..., $F_k = F_{k-1} + f_k$ と計算され，最後の階級では $F_k = n$ である。誤解がない限り，相対度数も $f_j \left(\sum f_j = 1 \right)$ と表す。階級の数 k は規模 n が小さい場合には5〜10，大きい場合には10〜30程度の範囲が適当とされる。変数の最大値の近くで観測値が少ない場合は，階級の幅を変えたり，大きな数値をまとめて表示する。支出額の例では高額支出世帯が少ないため，たとえば「45〜」とする。

ヒストグラムと幹葉表示

　連続的変数の度数分布のグラフ表現が**ヒストグラム**である。図4.2は表4.3に対応するヒストグラムで，長方形の間に隙間がないことが変数が連続的であることを表している。ここで，各長方形の高さは度数を階級の幅で割った**密度**を表す。たとえば，階級「10〜15」の相対度数は0.264，階級の幅5（千円）だから，ヒストグラムの高さ（密度）は $0.264/5 = 0.0528$ となる。相対度数を表す長方形の面積を合計すると1になる。

表**4.4** 度数分布表の一般型

階級	階級値	度数	累積度数	相対度数	累積相対度数
a_1–a_2	m_1	f_1	F_1	f_1/n	F_1/n
a_2–a_3	m_2	f_2	F_2	f_2/n	F_2/n
a_3–a_4	m_3	f_3	F_3	f_3/n	F_3/n
$\vdots$	$\vdots$	$\vdots$	$\vdots$	$\vdots$	$\vdots$
a_k–a_{k+1}	m_k	f_k	F_k	f_k/n	$F_k/n\ (=1)$
	計	n	-	1	-

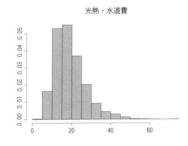

図**4.2** 光熱・水道費のヒストグラム

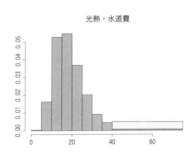

図**4.3** 階級の統合

幹葉表示 (stem-and-leaf display, または**幹葉図**) は比較的小さな n の場合に効果的な度数分布の表現である。図 4.4 は，水道・光熱費の $n = 300$ の部分標本である。縦棒の左側が幹の数字で，この例では，小数点 (decimal point) の位置である千円台の数字となり，$4, 6, 8, \ldots$ と 2 千円ごとに区分されている。その右側には葉として，次のケタの数字を記す。元のデータでは最小値から順に $(4.828, 5.207, 6.325, 6.542, 7.136, \ldots)$ となっているから，幹 4 の横には葉として $4.828, 5.207$ を表す 82 が並び，幹 6 の葉は $351\ldots$ が並ぶ。元のデータの大きさがある程度復元できる点でヒストグラムより細かな情報を保存している。このようにグラフを重視する一連の手法として提案されたものが**探索的データ解析** (Exploratory Data Analysis, **EDA**) であり，他にも箱ひげ図などが EDA の手法である。

```
The decimal point is at the |

 4 | 82
 6 | 35126889
 8 | 02245667788233347789
10 | 01334577888901122223445666699
12 | 00111223334456667888990112233335678889
14 | 1112245555788999022233444446666667778
16 | 0122344444557789002244455666779
18 | 112344455578889334446666779
20 | 012234556668999001112223346788
22 | 0023347780011334455567999
24 | 382223679
26 | 1244567927799
28 | 334588
30 | 21355899
32 | 415
34 | 567
36 |
38 | 918
40 | 564
42 | 50
44 |
46 | 4
48 | 9
50 |
52 |
54 | 6
```

図4.4　幹葉表示 $(n = 300)$ の出力

分布の形

　n が大きいときに階級幅を小さくすると，滑らかな形のヒストグラムが想像できる。その形の代表的な例が図4.5である。ここで正または負の歪みという表現は，**4.1.6**項で解説する**歪度**（わいど）の符号を表している。正・負の歪みの代わりに，右・左に**歪んだ分布**，右・左の**すそが長い分布**，という表現もある。

　対称な分布の例は多く，工業製品の規格からの小さな変動（重量，長さなど）は，管理された工程であれば近似的に対称になる。身体計測では，身長，座高，胸囲などは対称であるが，体重の分布は正の歪みがあり，その傾向は最近次第に強くなってきている。所得，支出，金融資産残高のような経済変数の多くは正の歪みを持っている。負の歪みをもつ分布の例は比較的少ないが，易しい試験問題を出題したときの得点の分布はその例である。

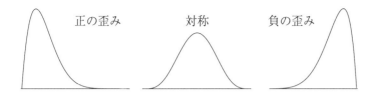

正の歪み　　　対称　　　負の歪み

図 4.5 分布の形

4.1.3 中央値, 四分位と分位点

観測値 $\{x_1, \cdots, x_n\}$ を大きさの順に並べたとき, 真ん中の値を**中央値** (median) または**中位数**とよび, M, m などと表す。n が奇数のときは $(n+1)/2$ 番目の観測値の値が M である。n が偶数のときは $(n+1)/2$ は端数が出るので, その前後の観測値の値の平均を M とする。EDA では奇数, 偶数どちらの場合も $(n+1)/2$ 番目と考える。

中央値の上下にデータを分割し, 小さい群の中央値を**第 1 四分位** Q_1, 大きい群の中央値を**第 3 四分位** Q_3 とよぶ。なお, 次の例題に示すように, n が偶数のときと奇数のときで注意が必要である。

一般に, 観測値 $\{x_1, \cdots, x_n\}$ を大きさの順に並べたとき, 小さい方から $100p\%$ の値を $100p$ **パーセント点**（**百分位点**）$x_{(p)}$ とよぶ。Q_1, M, Q_3 は, それぞれ 25%, 50%, 75% 点である。

例 4.1（中央値と四分位）　中央値 M, 第 1 四分位 Q_1, 第 3 四分位 Q_3 は, それぞれ何番目の観測値か。$n = 50$ のデータなら, $(50+1)/2 = 25.5$ だから 25 番目と 26 番目の観測値の平均が中央値 M である。M の上下にそれぞれ $n' = 25$ 個ずつにデータを分割すると, 小さい方の中央値は $(25+1)/2 = 13$ 番目であり, これが Q_1 となる。Q_3 は大きい方から 13 番目の観測値である。$n = 47$ のデータなら, $(47+1)/2 = 24$ 番目の観測値が M である。M の上下にデータを分割するときは, M は両方の群に含めて $n' = 24$ 個ずつとする。したがって Q_1 は $(24+1)/2 = 12.5$ 番目, すなわち 12 番目と 13 番目の観測値の平均となる。Q_3 は大きい方から 12 番目と 13 番目の観測値の平均である。偶数, 奇数いずれの場

合も，切り捨ての記号 $[\cdot]$ を用いれば $n' = [(n+1)/2]$ と表せる。これが EDA の定義で，奇数個のデータを上下に分割するとき中央値はどちらにも含めないが，逆に両方に含めることもあって，日本の高等学校教科書では後者を採用している。

累積度数分布のグラフと分位点

図 4.6 は，n が大きい場合を想定して滑らかなヒストグラムと，対応する相対累積度数分布のグラフによって，分位点を表現している。右の図は横軸に x，縦軸に x 以下となる累積度数 $F(x)$ を表したもので，0 から 1 まで増加する。図のように，$x_{(p)}$ を $100p\%$ 点とすると，ヒストグラムでは $x_{(p)}$ 以下の密度の合計，すなわち，影の部分の面積が p であり，累積度数分布のグラフでは高さが $F(x_{(p)}) = p$ となる。

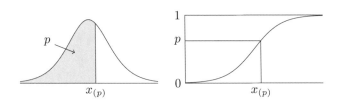

図 4.6　分位点：ヒストグラム（左），相対累積度数分布（右），$x_{(p)}$ は $100p\%$ 点

箱ひげ図

度数分布の簡略な表現として EDA で提案された**箱ひげ図** (box-and-whisker plot) を図 4.7 に示す。これは正の歪みをもつデータの例である。

箱の中央の線は中央値 M，両端は四分位 Q_1, Q_3 である。図に示している $IQR = Q_3 - Q_1$ は，**4.1.5** 項で解説する散らばりの指標である。ひげは IQR の **1.5 倍以内に含まれる最大値・最小値**まで伸ばす。ひげの外にある観測値を**外れ値**とよび，134 ページで解説する。この例では値の大きい 3 個の外れ値があり，小さな外れ値はない。対称な分布なら箱を構成する Q_1, M, Q_3 は等間隔となるが，正の歪みをもつときは $(Q_3 - M) > (M - Q_1)$ となる。正

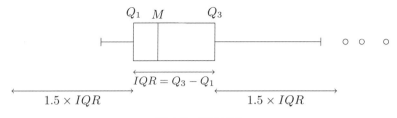

図**4.7** 箱ひげ図

の歪みをもつ分布では小さな外れ値はほとんど発生しない。なお，高等学校教科書では外れ値を表示せず，観測値中の最大値と最小値までひげを伸ばす方法（**基本箱ひげ図**）が紹介されているが，手作業でない限り標準的な箱ひげ図の方が優れている。

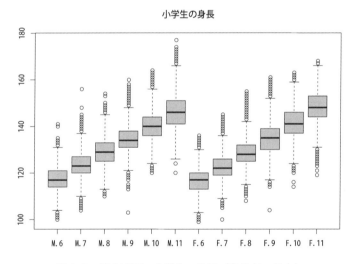

図**4.8** 箱ひげ図：小学生の身長（各学年・男女）

資料：文部科学省

　複数の分布を比較するためには，箱ひげ図を並べることが有効である。図4.8では **F.6** は 6 歳（1 年生）女子，**M.11** は 11 歳（6 年生）男子などを表す。

この図で学年ごとの成長，男子と女子の比較が容易に行える。学年別，性別の比較のために 12 枚のヒストグラムを描くより，箱ひげ図の方が一覧性に優れている。なお，箱ひげ図に現れる M, Q_1, Q_3 と最大値，最小値を表す 5 つの数による分布形の要約は **5 数要約** (five-number summary) とよばれ，これらの値から分布の対称性に関する情報が得られる。これも EDA の手法である。

外れ値について

　一般に，他の観測値から大きく外れた観測値を**外れ値** (outlier) とよぶ。外れ値の発生要因の 1 つである誤った観測値は，次のような原因で発生する。(1) 数値の転記または単位の誤り（報告者が提出する書類で kg と ton を誤って記載する例があり，これは 3 桁違う），(2) 測定機器の故障・操作の誤り・計器の読み間違い，(3) 想定している集団とは異なる観測値の混入（製造業を分析する際，名簿にサービス業などの事業所が含まれることがあるが，これらの業種では人件費の比率などが大きく異なる）など。誤った観測値は分析から除外することが望ましいが，容易に発見できないことも少なくない。一方，家計の消費支出，企業の売上や従業員数などの正の歪みをもった分布からは多くの外れ値が発生しても，これらは誤った観測値ではない。

　外れ値には厳密な定義は存在しないが，箱ひげ図で表示される外れ値を，狭い意味の外れ値の定義としてもよい。ただし，分布が対称でない場合には，箱ひげ図による形式的な外れ値の検出は有効ではない。強い歪みをもつ分布では多数の外れ値が検出されるが，それらをすべて分析から除外することは不適当である。所得分布の場合は対数変換を適用すると分布が対称に近づき，箱ひげ図による外れ値の多くは消える。つまり，所得の分布は右のすそが長いため，形式的な基準を用いると，正しい観測値が外れ値に見えるのである。一般に，対数や逆数などの**非線形変換**を適用すると，分布の形状が変化するほか，2 変数の関係を表す散布図の形状も変化する。これについては 145 ページで簡単な例を紹介する。

4.1.4 位置の指標

中央値 M のほかにも，分布の中心を表す**位置の指標**がある。観測値を $\{x_1, x_2, \ldots, x_n\}$ と表し，その総和を $x_1 + x_2 + \ldots + x_n = \sum_{i=1}^{n} x_i$ とする。**平均** $\bar{x}$（エックス・バー）は，$\bar{x} = \sum_{i=1}^{n} x_i / n$ と定義され，他の平均と区別する場合は**算術平均**とよぶ。また，各観測値からの差 $x_i - \bar{x}$ を平均からの**偏差** (deviation) とよぶ。このとき「偏差の合計は 0」という重要な性質 $\sum_{i} (x_i - \bar{x}) = 0$ がなりたつ。

算術平均は，個々の観測値に同じ質量を与えて数直線上に置いたときの**重心の位置**と解釈できる。実際，$\sum_{i} (x_i - \bar{x}) = 0$ という関係は $\bar{x}$ を支点とする「てこ」を考えたとき，右回りのモーメントと左回りのモーメントが等しいことを表している。ヒストグラムの形の厚紙を切り抜いて重心を考えれば，それが算術平均となる。

所得については，算術平均は平等に分配した場合の 1 人当たりという明確な意味がある。身長など分配できない変数もあるが，対称な分布に対しては算術平均は重心の意味で中心に一致する。歪んだ分布ではヒストグラムに算術平均の位置を対応させることは容易ではないが，重心の位置を想像することはある程度は可能である。

度数が最大となる変数の値を**最頻値** (mode) とよび，m_o という記号を用いることが多い。図 4.1 のように，離散的な変数の場合は，世帯人数の最頻値は 1985 年は 4 人，2015 年は 1 人と明確である。一方，連続的な変数について，例として光熱・水道費を考えると，表 4.3 の度数分布および図 4.2 のヒストグラムにおいて「15〜20」の階級で度数が最大となっているから，最頻値はこの階級の階級値である 17.5 となる。n が大きければ階級の幅を小さくできるにしても，手作業では面倒になるし，階級幅を小さくしすぎると，通常はすべての観測値が異なるため最頻値は定義できないなど，n がそれほど大きくない場合には，注意が必要である。ヒストグラムに滑らかな曲線をあてはめて密度が最大となる x の値を最頻値とすることもある。

このように，最頻値は離散変数の場合は明確だが，連続変数ではやや複雑

である。さらに，分布が複数の山をもつ場合は，形式的に峰の最も高い階級値を最頻値に決めたとしても，分布の中心を表す適切な代表値とはいえないことにも注意が必要である。

そのほかの平均

平均にはいくつかの変種があり，具体的な問題に応じて適切な指標が定まる。変数 x の値 $x_1, x_2, \ldots, x_n$ にそれぞれの重要性を表すウェイト w_i $\left(\sum_i w_i = W \right)$ を適用した**加重算術平均**（単に**加重平均**とよぶこともある）は $\bar{x}_w = \sum_i w_i x_i / W$ と定義され，相対ウェイトを $w_i' = w_i / W$ $\left(\sum_i w_i' = 1 \right)$ とすれば，$\bar{x}_w = \sum_i w_i' x_i$ とも書ける。通常は $w_i > 0$ とするが，移動平均などの高度な手法ではウェイトの一部がマイナスとなることもある。加重平均の簡単な例を示そう。世帯を3つの年齢層に分類し，各層の世帯数を n_1, n_2, n_3，平均支出額を x_1, x_2, x_3 とすると，全体の平均は支出額合計を世帯数合計で割った $(n_1 x_1 + n_2 x_2 + n_3 x_3)/(n_1 + n_2 + n_3) = \left(\sum_i n_i x_i \right) \Big/ \left(\sum_i n_i \right)$ であり，これは世帯数をウェイトとした加重平均 $\bar{x}_w$ となっている。この例では $\bar{x} = (x_1 + x_2 + x_3)/3$ は n_i が等しくない限り誤りである。

成長率など，率の変化に関心がある場合には，**幾何平均** (geometric mean) が自然な指標であり，正の値を取る変数 x に対して，幾何平均は $G = (x_1 x_2 \cdots x_n)^{1/n} = \sqrt[n]{x_1 x_2 \cdots x_n}$ と定義される。

$\log G = (1/n) \sum \log x_i$ と書き直せば，**幾何平均**の対数は観測値の対数の算術平均となっている。相対ウェイトを w_i $\left(\sum_i w_i = 1 \right)$ とする**加重幾何平均** $G_w = (x_1^{w_1} x_2^{w_2} \cdots x_n^{w_n})$ も物価指数の算式として利用されることがある。

経済変数の時間的な変化を表現するために，前期比や成長率がよく用いられる。第0期から第 n 期までの売上高を $x_0, x_1, \cdots, x_n$ とすると，前期比は $r_1 = x_1/x_0$，$r_2 = x_2/x_1$，$\cdots$，$r_n = x_n/x_{n-1}$ である。全期間を通して売上高は x_n/x_0 倍になっているが，これは各前期比の積 $r_1 r_2 \cdots r_n$ に等しい。したがって，前期比 $r_1, \cdots, r_n$ に関する平均は，算術平均 $\bar{r} = \sum r_i/n$ ではなく，幾何平均 $G = (r_1 r_2 \cdots r_n)^{1/n}$ とするのが正しく，このとき n 期全体の

比率は $G^n = x_n/x_0$ となる。

観測値 $x_1, x_2, \ldots, x_n > 0$ に対して，$H = n/\{(1/x_1) + \cdots + (1/x_n)\} = n/(\sum_{i=1}^{n} x_i^{-1})$ で定義される H を**調和平均** (harmonic mean) とよぶ。さらに，相対ウェイトを $w_i \left(\sum_i w_i = 1 \right)$ とする**加重調和平均**は $H_w = \left\{ \sum_i w_i x_i^{-1} \right\}^{-1}$ と定義される。調和平均の逆数 $1/H$ は「逆数の算術平均」だから，逆数に意味がある場合に適切な平均となる。

加重調和平均は，いろいろな形で使われる。たとえば，ある商品を n ヶ所から調達し，その単価が $(x_1, \cdots, x_n)$，金額が $(w_1, \cdots, w_n)$ だとすると，平均価格は合計金額を数量 (w_i/x_i) の合計で割って，$(w_1 + \cdots + w_n)/(w_1/x_1 + \cdots + w_n/x_n)$ となる。これは $w_i/\sum w_i$ を相対ウェイトとする加重調和平均 H_w である。

平均に関する数学的な関係

これらの平均の間で成立する数学的な関係として，一般に $\bar{x} \geqq G \geqq H$ となること，さらに，同じウェイトを用いた加重平均について $\bar{x}_w \geqq G_w \geqq H_w$ が成立することが知られている。

刈込平均

中央値は観測値の順序を利用した位置の指標であるが，順序を利用した他の指標もある。**刈込平均** (trimmed mean) は，観測値の最大および最小からいくつかの観測値を除いて計算される算術平均であり，古くから用いられてきた。最大と最小からそれぞれ取り除く割合を α とするとき，残りの $n(1 - 2\alpha)$ 個の算術平均を $\bar{x}_\alpha$ と表し，$100\alpha\%$ 刈込平均とよぶ。$\bar{x}_\alpha$ は $\alpha = 0$ なら算術平均と一致し，α が $1/2$ に近づけば中央値と等しくなるから，中間的な性質をもっている。すなわち，α をある程度大きくした刈込平均は外れ値の影響を軽減する。

4.1.5 ちらばりの指標

各観測値が $\bar{x}$ からどれくらい離れているかを測る指標である**分散**（variance）は，$s^2 = \dfrac{1}{n}\displaystyle\sum_{i=1}^{n}(x_i - \bar{x})^2$ と定義され，変数 x を明示するときは s_x^2 とも表す。なお偏差 $(x_i - \bar{x})$ の平方和は $\sum(x_i - \bar{x})^2 = \sum x_i^2 - n\bar{x}^2$ と変形できる。

分散は理論的には重要であるが，データ分析の表示としては，もとの測定単位に戻した**標準偏差**（standard deviation, sd） $s = \sqrt{\sum(x_i - \bar{x})^2/n}$ を用いる方が自然である。正規分布の場合には $\bar{x} \pm s$ の範囲に観測値の約 $2/3$ が含まれるという性質があるから，$\bar{x}$ と s を組み合わせると，外れ値の少ない対称な分布についてはヒストグラムのおおよその形が想像できる。

なお，推測統計では**不偏分散**とよばれる $\sum(x_i - \bar{x})^2/(n-1)$ を使うことが多いが，これは1940年代に導入された比較的新しい指標である。n が大きければ実用上大差はない。

最大値と最小値の差である $R = \max x_i - \min x_i$ は**範囲**（range）とよばれ，品質管理などで利用される指標である。しかし，最大値や最小値は外れ値となることがあるため，経済データで利用される機会は多くない。一方，**四分位範囲**（interquartile range） $IQR = Q_3 - Q_1$ はよく利用される指標で，観測値の半数が四分位範囲の中に存在していることを表す。箱ひげ図では，外れ値の影響が小さい四分位 Q_1, Q_3 および IQR が利用されている。

表4.5 小学校生徒の身長（男子，cm）

年齢	6	7	8	9	10	11
$\bar{x}$	117.5	123.5	129.1	134.5	140.1	146.6
sd	4.99	5.29	5.54	5.79	6.35	7.29
cv	0.0425	0.0428	0.0429	0.0430	0.0453	0.0497

小学生の学年ごとの身長を比較すると，表4.5のように1年生から6年生まで標準偏差は次第に大きくなるが，平均も大きくなる。また，身長と体重のちらばりを比較する場合は，測定単位が異なる標準偏差を直接比較しても意味がない。このように，同じ測定単位であっても水準が大きく異なる変数や，測定単位の異なる変数のちらばりを比較する場合に用いられる指標が，

標準偏差 s を平均 $\bar{x}$ で割った**変動係数** (coefficient of variation) $cv = s/\bar{x}$ である。表 4.5 に示すとおり，小学校 1 年から 6 年にかけて身長のちらばりを変動係数で測れば，変化はそれほど大きくないことがわかる。経済分析でも，変動係数は所得などの比較で効果的に用いられる。

4.1.6　1 次式による変換，標準化，積率

1 次式は，測定の単位を cm から m に変更したり，セ氏の気温をカ氏に変更するときに用いられる。もとの観測値 $\{x_1, \cdots, x_n\}$ を $y = a + bx$ と変換したとき，平均 $(\bar{x}, \bar{y})$，分散 (s_x^2, s_y^2)，および標準偏差について，次の関係がなりたつ。

$$\bar{y} = a + b\,\bar{x}, \quad s_y^2 = b^2\,s_x^2, \quad s_y = |b|s_x \tag{4.1.1}$$

とくに，$z = (x - \bar{x})/s$ という変換を**標準化**（または**基準化**, standardization）とよぶ。1 次式による変換 (4.1.1) 式から，標準化された変数については $\bar{z} = 0, s_z = 1$ となる。標準化された変数は単位がない無名数だから，異なる変数同士でも比較が容易になる。ところで日本の受験業界では $50 + 10(x - \bar{x})/s = 50 + 10z$ を**偏差値**とよぶが，これは平均を 50 点，標準偏差を 10 点とする変換である。ただし，実際には各社で適当な修正が加えられているのが実情である。なお，米国では成績評価には偏差値ではなくパーセント点が用いられる。

$y = a + bx$ とするとき，中央値 (m_y, m_x) および四分位範囲 (IQR_y, IQR_x) の関係は $m_y = a + b\,m_x$，$IQR_y = |b|\,IQR_x$ と表される。対数のような単調に**増加する**非線形変換 $y = h(x)$ でも，順位は不変だから，パーセント点は $y_{(p)} = h\big(x_{(p)}\big)$ と対応する。ただし，隣り合う観測値の平均を適用する場合もあり，n が小さいときは若干の違いが生じる。なお，$y = 1/x$ のように単調に**減少する**変換の場合は，$y_{(p)} = 1/x_{(1-p)}$ と大小が逆転する。1 次式の場合でも，$y = a + bx \; (b < 0)$ の場合には x の四分位 Q_{1x}, Q_{3x} と y の四分位 Q_{1y}，Q_{3y} の大小が逆転して，$Q_{1y} = a + b\,Q_{3x}$ および $Q_{3y} = a + b\,Q_{1x}$ となる。

$r = 1, 2, 3, \ldots$ に対して $m_r = \sum_i (x_i - \bar{x})^r/n$ を r 次の**積率** (moment) とよぶ。$r = 1$ なら $m_1 = 0$ となるが，$r = 2$ の場合は $m_2 = s^2$ は分散である。より高次の積率を用いると，ある程度，分布の形状を表現することが可能に

なる。標準化された変数 $z = (x - \bar{x})/s$ の 3 次の積率 $\sum_i z_i^3/n$ を**歪度**（わい

ど）とよび，β_1 と表すことが多い。歪度は分布が対象であればゼロ，非対称
分布で右のすそが長ければ正，左のすそが長ければ負となる。

　また，4 次の積率 $\sum_i z_i^4/n$ を**尖度**とよび，β_2 と表すことが多い。尖度は分
布の中心部の尖り具合，あるいは分布のすその長さを表現する尺度で，正規
分布の場合には尖度は 3 となる。そのため，$\sum_i z^4/n - 3$ を尖度とよぶこと
もある。標準偏差が等しく尖度が大きい分布では，平均の近くで密度が高く
なるため，尖った形となる。歪度と尖度は与えられたデータの分布が正規分
布に近いかどうかを判断する尺度としても用いられる。

§4.2　相関

4.2.1　散布図

　2 変数に関する n 個の観測値を $(x_1, y_1), \cdots, (x_n, y_n)$ とする。2 変数間の
関係を視覚的に明らかにする方法が**散布図** (scatter plot) である。図 4.9 は，
県別に合計特殊出生率 (2019)，1 人当たり県民所得 (2016)，第 1 次産業就業
者比率 (2015)，生産年齢人口割合 (2017)，死亡率 (2019)，衆議院選挙自民党
得票率 (2021)，事業所数 (2016)，総人口 (2017) の組み合わせについて描い
た散布図で，これは**散布図行列**とよばれる。その解釈は後に紹介する。

　2 変数の一方が大きいとき，もう一方も大きい傾向があれば散布図は**右上
がり**，もう一方は小さい傾向があれあば散布図は**右下がり**になる。このよう
な 2 変数間の関係を**相関** (correlation) 関係とよび，右上がりのときは**正の相
関**（または順相関），右下がりのときは**負の相関**（または逆相関）という。ま
た，関係がはっきりしているときは**相関が強い**，それほど明確ではないとき
は**相関が弱い**，関係がほとんどないときは**相関がない**というが，これらを分
類する明確な判断基準があるわけではない。

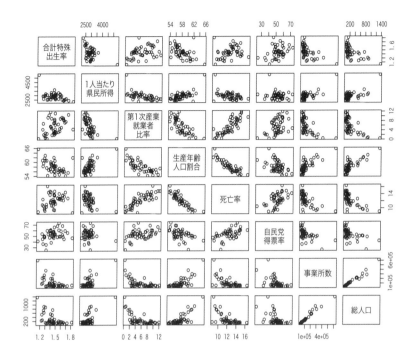

図4.9　いくつかの変数の散布図（県別の散布図行列）

共分散

　変数の関係を数量的に把握する指標に**共分散**がある。x と y の共分散 s_{xy} は，偏差の積の平均として $s_{xy} = \sum_{i=1}^{n}(x_i - \bar{x})(y_i - \bar{y})/n$ と定義され，次のように解釈できる。変数 x を横軸，y を縦軸とする散布図を描いて，$\bar{x}$ を通る垂直線と，$\bar{y}$ を通る水平線を引くことで分割される 4 つの領域において $(x_i - \bar{x})(y_i - \bar{y})$ の符号が定まり，右上と左下の領域では正，右下と左上の領域では負となる。したがって，散布図が右上がりのときは $s_{xy} > 0$，右下がりのときは $s_{xy} < 0$ となる可能性が高く，共分散の符号から相関が正か負かを判断できる。なお，偏差の積は $\sum(x_i - \bar{x})(y_i - \bar{y}) = \sum(x_i - \bar{x})y_i = \sum x_i y_i - n\bar{x}\bar{y}$ などと変形できる。

4.2.2　相関係数

1 次式で $u = a + bx$, $v = c + dy$ と変換すると，変数 u, v の平均は $\bar{u} = a + b\bar{x}$, $\bar{v} = c + d\bar{y}$, 偏差は $u_i - \bar{u} = b(x_i - \bar{x})$, $v_i - \bar{v} = d(y_i - \bar{y})$ となるから，共分散は $s_{uv} = (1/n) \sum (u_i - \bar{u})(v_i - \bar{v}) = (1/n) \sum bd(x_i - \bar{x})(y_i - \bar{y}) = bd s_{xy}$ となる。たとえば，m と kg で記録されている 2 つの変数の単位を cm と g に変更すると共分散は 100×1000 倍となるが，散布図は軸の目盛りが変わるだけで，形としては変わらない。そのため，共分散では相関関係の強弱は表現できない。

2 変数 x と y の**相関係数** (correlation coefficient) は，それぞれの変数を標準化した $u = (x - \bar{x})/s_x$ と $v = (y - \bar{y})/s_y$ の共分散 s_{uv} と定義され，記号では元の変数名を用いて r_{xy} または単に r と表される。したがって，相関係数は測定単位に依存しない。なお相関係数には他の定義もあり，区別するときは r を Pearson の積率相関係数とよぶ。標準化した変数では $\bar{u} = \bar{v} = 0$ となるから，相関係数 r は次のように表される。

$$r = \frac{1}{n} \sum_{i=1}^{n} u_i v_i = \frac{1}{n} \sum_{i=1}^{n} \frac{x_i - \bar{x}}{s_x} \frac{y_i - \bar{y}}{s_y} = \frac{s_{xy}}{s_x s_y} \tag{4.2.1}$$

相関係数は $-1 \leq r \leq 1$ の範囲の値を取る。とくに，$r = 1$ となるのはすべての観測値が右上がりの直線上に並ぶ場合，$r = -1$ となるのは右下がりの直線上に並ぶ場合である。$r = \pm 1$ のとき，正または負の**完全な相関**，$r = 0$ のとき**無相関**とよぶ。現実の連続的変数データでは厳密に $r = \pm 1$ や $r = 0$ とはならないが，理論的には特別な意味がある。

表 4.6 は，散布図行列 4.9 の変数同士の相関係数を行列の形に記したもので，これを**相関係数行列**とよぶ。$r_{xy} = r_{yx}$ だから，表の右上と左下は同じ数値となる。表の中で相関係数が正で比較的大きな変数の組み合わせについて図 4.9 と比べると，事業所数と総人口はいずれも規模を表す変数だから高い相関関係となるのは当然である。なお，事業所数，総人口，1 人当たり県民所得に観察される大きな外れ値は東京都である。規模を表さない変数について，相関係数の意味を考えることはよい訓練になる。たとえば，総人口が大きな東京都や大阪府では経済活動が活発であり，総人口と他の変数との相関係数は，1 人当たり県民所得と生産年齢人口割合が正，合計特殊出生率，

第1次産業就業者比率，死亡率，自民党得票率が負となる。第1次産業就業者比率と死亡率の符号は，大都市圏では第1次産業の比重が小さいこと，人口構成で若い世代の人数が大きければ死亡率は小さいことを反映している。合計特殊出生率が低くなるのは晩婚化が進んだ最近の状況である。事業所数は総人口と類似の傾向を示すのも当然である。自民党得票率については，後に擬似相関の例（144ページ）および例4.2でも触れる。

表 **4.6**　相関係数行列の例

	合計特殊出生率	1人当たり県民所得	第1次産業就業者比率	生産年齢人口割合	死亡率	自民党得票率	事業所数	総人口
合計特殊出生率	1.000	-0.481	0.404	-0.504	0.258	0.343	-0.553	-0.578
1人当たり県民所得	-0.481	1.000	-0.555	0.628	-0.440	-0.157	0.728	0.674
第1次産業就業者比率	0.404	-0.555	1.000	-0.739	0.813	0.436	-0.593	-0.624
生産年齢人口割合	-0.504	0.628	-0.739	1.000	-0.894	-0.468	0.754	0.785
死亡率	0.258	-0.440	0.813	-0.894	1.000	0.508	-0.601	-0.649
自民党得票率	0.343	-0.157	0.436	-0.468	0.508	1.000	-0.522	-0.512
事業所数	-0.553	0.728	-0.593	0.754	-0.601	-0.522	1.000	0.980
総人口	-0.578	0.674	-0.624	0.785	-0.649	-0.512	0.980	1.000

相関係数に関する注意点

相関係数の利用にあたっては，いくつか注意しなければならないことがある。まず，直線以外の関係については，たとえば，$x^2 + y^2 = 1$ という単位円上のデータ $(1, 0)$, $(0, 1)$, $(-1, 0)$, $(-1, -1)$ は明確な関数関係があるにも関わらず相関係数は 0 になる。

単調な関係であれば，その強さを測る簡単な指標として，Spearman の**順位相関係数** ρ がある。ρ は2つの変数を小さい順に並べたときの順位を用いた相関係数である。$x = \{1, 2, 3, 10\}$ と対応する $y = \{2, 6, 7, 8\}$ については相関係数は 0.714 であるが，順位はいずれも $\{1, 2, 3, 4\}$ となって一致するため，$\rho_{x,y} = 1$ となる。ただし，上記の円周上の例は単調な関係ではないため，順位相関係数でも関係の強さは測定できない。

　相関関係は**因果関係を表すとは限らない**ことも，重要な注意点である。父親の身長と息子の身長の間には正の相関関係があり，遺伝を考えればこれは因果関係と判断できる。一方，兄弟の身長に観測される正の相関は因果関係ではありえない。他の例として，多くの場合，学年末試験で異なる科目の成績には正の相関が認められるが，これも因果関係とはいえない。相関関係は，応用領域に関する知識を背景として考えるべき問題である。

　2つの変数 x, y の両方に影響を及ぼしている第3の変数 z の影響によって，因果関係がない x, y の間に相関関係が観察されることがある。兄弟の身長では，共通の原因として両親からの遺伝や生活環境が考えられる。他の例として，勤労者の集団において年収と血圧の間に高い正の相関がみられることがあるが，これは年齢が年収と血圧に影響を及ぼしていると考える方が適当であろう。このような現象は**擬似相関**（見せかけの相関）とよばれる。死亡率と自民党得票率の相関係数は 0.508 と正であるが，これらの間に直接の因果関係があるわけではなく，都市圏に多く住んでいる若年層は死亡率が低く，保守党の支持率が低いことを反映していると考えられる。

　時系列データの相関にも注意が必要である。たとえば 1970 年から 1980 年までの年次データで輸出数量指数と大学卒業者数の相関係数は 0.994 と非常に高いが，これは経済成長の時期に高等教育の機会が増え，同時に輸出入が増加したことを反映しているもので，常識的にも因果関係は存在しない。

　関心がある対象の一部が観測されない（**欠測**ないし**無回答**）ときにも注意が必要である。実際の調査においては，所得や教育水準のように回答しにくい項目があり，しばしば一部の変数が欠落する。また，一部の調査対象者の不在や非協力によってすべての変数が観測できないことがある。欠測がある場合には，利用可能なデータから求められる相関係数は，本来の相関係数と異なることがある。たとえば，大学の入学試験において英語と国語の合計点で 120 点以上が合格水準とすると，英語で失敗しても国語で高得点を取れば合格するから，受験生全体では英語と国語に正の相関がある場合でも，合格者の集団だけをみると相関は弱く，ときには負となることもある。合格者だけのデータにもとづいて，英語と国語の能力の間の相関を解釈することは適切ではない。

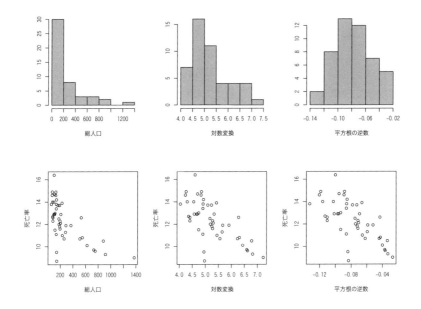

図 **4.10** 都道府県データの再表現

非線形変換

対数や逆数などを用いて変数を変換することがある。この方法は，EDA では**再表現** (re-expression) とよばれ，データ分析の重要な手段である。再表現は一般に x のべき乗 x^p を用いる変換で，$\sqrt{x} = x^{1/2}$，$\log x$（これは x の 0 乗と考える），$-(1/x) = -x^{-1}$（$p < 0$ のべき乗に対しては順序を保つためにマイナス符号をつける）などが含まれる。再表現によって，ヒストグラムの対称化と散布図の線形化が実現されることがある。簡単な例で，その効果を確認しよう。

図 4.10 上段のヒストグラムのとおり，総人口 $(p = 1)$ の分布は強い正の歪みをもつ。これに対して対数変換 $(p = 0)$ ではやや対称に近づくがまだ不十分で，さらに平方根の逆数 $(p = -1/2)$ とするとほぼ対称な分布となる。下段は総人口と死亡率との散布図を示しているが，$p = 1, 0, -1/2$ と p が小さくなるにつれて線形に近づいている。再表現の詳細は EDA の解説書に譲る。

§ 4.3 回帰

x から y への方向を考える手法が**回帰分析**であり，$x_1, \cdots, x_k$ を**説明変数**（または**独立変数**）として**被説明変数**（または**従属変数**）とよばれる y を説明する $y = f(x_1, \cdots, x_k)$ を**回帰式**とよぶ。最も簡単な場合として1次式（**線形回帰**）を考えることが多い。説明変数が1つの $y = a + bx$ を**単回帰式**または**回帰直線**とよび，複数の説明変数を用いる $y = b_0 + b_1 x_1 + \cdots + b_k x_k$ を**重回帰式**とよぶ。通常，定数項（a または b_0）には強い関心はなく，各変数 x_i が y に与える影響を表す b_i に関心がある。b_i を x_i の**回帰係数**とよぶ。

4.3.1　単回帰

散布図が1次式に近い場合（線形関係），または非線形であっても適当な変数の変換によって近似的に1次式となる場合には，回帰直線を用いることができるため，単回帰は応用上も有用である。このときも相関と回帰の目的は異なる。x, y を対等に扱う場合は相関係数を用いるが，ある変数を他の変数で説明する場合には回帰を用いる。

回帰式によって y を x で説明することを，y を x に**回帰させる**と表現する。また，回帰直線から求められる $\hat{y} = a + bx$ を，観測値 y と区別して**予測値**とよび，$e = y - \hat{y}$ を**残差** (residual) とよぶ。

回帰直線を求めるために広く用いられている方法として，残差の平方和 $\sum_{i=1}^{n} e_i^2 = \sum_{i=1}^{n} (y_i - \hat{y}_i)^2 = \sum_{i=1}^{n} \{y_i - (a + bx_i)\}^2$ を最小にするように a と b を求める**最小2乗法** (Ordinary Least Squares Method, OLS) がある。これを適用すると，$b = s_{xy}/s_x^2, a = \bar{y} - \hat{b}\bar{x}$ となり，これらは平均 $\bar{x}, \bar{y}$，分散 s_x^2 および共分散 s_{xy} から求められる。なお，b については，$b = r_{xy}(s_y/s_x)$ という表現も利用される。

回帰係数の解釈

回帰係数 b は，説明変数 x が1単位大きいときには，従属変数 y は平均

的に b だけ大きくなる傾向があることを示している。一般に，x の変化 Δx に対応する y の変化は $\Delta y = \{a + b(x + \Delta x)\} - (a + bx) = b\Delta x$ となるから，$b = \Delta y/\Delta x$ は変化の比率を表している。たとえば，Y を所得，C を消費とする消費関数 $C = a + bY$ では，b は限界消費性向とよばれる。さらに，$b = r_{xy}(s_y/s_x)$ という表現を用いると，$\Delta y/s_y = r_{xy}(\Delta x/s_x)$ と書き表すこともできる。この式は，x が標準偏差で測って1単位だけ変化すると，y は標準偏差で測って r_{xy} だけ変化することを示している。この解釈も，ときに用いられる。

家計調査（2019年7月，勤労者世帯年間収入十分位階級別データ）を用いて，消費支出 y を可処分所得 x に回帰すると $y = 113600 + 0.414\,x$ という回帰式が得られる。限界消費性向は 0.414 であり，可処分所得が1000円多い世帯の消費は414円多くなるという傾向が読み取れる。

回帰式のあてはまりのよさの尺度として，2変数間の直線的な関係の強さを測る相関係数を用いることができるが，回帰分析においては後に紹介する決定係数 R^2 が，より有効な尺度として用いられる。

逆方向の回帰

2変数データに対して，形式的に $x = c + dy$ という回帰式を計算することができるが，その利用には注意が必要である。回帰分析は x で y を説明するため，あてはまりの良さは y 軸の方向に沿って測る。したがって，因果関係を考慮する分析においては $y = a + bx$ が正しい回帰の方向であり，$x = c + dy$ は誤りである。因果関係ではないが，中間試験の成績 x で期末試験の成績 y を**予測する**場合も，$y = a + bx$ を用いることが正しく，逆方向の $x = c + dy$ を用いると誤差は最小にはならない。

x から y を予測することも，逆に y から x を予測することもできる例として，学生の英語の成績 x と数学の成績 y の関係がある。これは直接的な因果関係とは言えず，論理的・数理的能力 z があって，x と y は擬似相関の関係を表していると考えることが適当である。それにも関わらず，予測が目的であれば，どちらも正しい回帰の方向となる。

実際に $x = c + dy$ を最小2乗法であてはめると $d = s_{xy}/s_y^2$ となるから，2つの回帰係数 $b = s_{xy}/s_x^2$ と d の積は，$bd = s_{xy}^2/(s_x^2 s_y^2) = r^2$ と，相関係数

の2乗になる。つまり，$bd \leq 1$ という関係がある。したがって，$x = c + dy$ を，$y = (-c/d) + (1/d)x$ と書き直せばわかるように，直線 $x = c + dy$ の傾き $1/d$ は b より大きくなる。逆回帰を用いて予測すると $x > \bar{x}$ のときには過大，$x < \bar{x}$ のときには過小となり，失敗する可能性が高い。

標準化変数の場合

x, y を標準化した変数を，それぞれ $u = (x - \bar{x})/s_x$，$v = (y - \bar{y})/s_y$ とすると，回帰式 $v = a' + b'u$ における係数は $a' = 0$，$b' = r_{xy}$ となる。つまり相関係数 r は，標準化した変数間の回帰係数でもある。逆方向の回帰直線は $u = rv$ だから，$v = (1/r)u$ の傾きは $1/r \geq r$ であり，傾きの大小関係は標準化しても変わらない。

回帰の現象と回帰の錯誤

相関係数が正 $(0 < r < 1)$ の場合，標準偏差を単位として平均からの距離を測ると「x が $\bar{x}$ より大きいときは y も $\bar{y}$ より大きいが，x と比較すると平均からの差が小さい」，および「x が $\bar{x}$ より小さいときは，y も $\bar{y}$ 小さいが，x と比較すると平均からの差の絶対値が小さい」という傾向が現れる。**回帰の現象** (regression phenomena) とよばれるこの傾向は，$0 < r_{xy} < 1$ が成立すれば必ず観測される。このことは，$\hat{y} - \bar{y} = b(x - \bar{x})$ と，$b = r_{xy}(s_y/s_x)$ を用いて，$(\hat{y} - \bar{y})/s_y = r_{xy}(x - \bar{x})/s_x$ と表せば明確になる。左辺は s_y を単位として測った平均からの差，右辺は s_x を単位として測った平均からの差に相関係数 r_{xy} をかけたものである。したがって，$|\hat{y} - \bar{y}|/s_y$ は $|x - \bar{x}|/s_x$ より小さい。

回帰の現象の例としてよく知られている例に，次のようなものがある。(a) 前期試験の成績がよかった生徒は，後期試験の成績もよいが前期ほどはよくない。(b) スポーツの選考会で成績のよい選手は，本番でも平均的によい成績を出すが，選考会ほどはよくない。(c) 身長が高い両親を持つ子供は平均的に高身長だが，両親ほどは高くない。(d) 高い IQ の両親を持つ子供は平均的に IQ が高いが，両親ほどは高くない。

(a) の場合，「成績がよかった生徒は安心して努力を怠った一方，悪かった生徒は奮起して努力した」のように解釈することがある。そのような努力の

差はあったかもしれないが，回帰の現象は両親と子供の身長についても存在する一般的な現象であり，子供の身長は「努力に関わらず」平均に回帰する。回帰の現象に関する解釈の誤りを**回帰の錯誤** (regression fallacy) とよぶ。身長の例で勘違いする人はいないだろうが，スポーツの成績については，回帰の錯誤の危険性は少なくない。回帰の現象は経済・経営データでも広くみられるため，各分野の基礎知識を用いて適切に解釈する必要がある。

4.3.2　擬似相関と残差同士の回帰

x と y の両方に影響を与える第3の変数として z の存在が考えられるとき，その影響を除いた相関係数を求めることができる。そのためには，x, y のそれぞれを z に回帰して，z で説明できる部分を取り除いた残差同士の相関係数を計算する。回帰式を $x = a + bz$ および $y = c + dz$ とするとき，予測値 $\hat{x} = a + bz$ および $\hat{y} = c + dz$ を用いると，残差は $e_x = x - \hat{x}, e_y = y - \hat{y}$ となる。残差同士の相関係数を**偏相関係数**とよび，$r_{xy \cdot z}$ と表すことがある。

例 4.2（偏相関係数）　図 4.9 のデータから，死亡率と自民党得票率をそれぞれ生産年齢人口割合に回帰して，その残差同士の相関係数を計算すると，0.226 とかなり小さくなる。

なお，偏相関係数 $r_{xy \cdot z}$ は，x と y の相関係数 r_{xy}，x と z の相関係数 r_{xz}，y と z の相関係数 r_{yz} を用いて，次の形で計算できることが知られている。

$$r_{xy \cdot z} = (r_{xy} - r_{xz} r_{yz}) \big/ \sqrt{(1 - r_{xz}^2)(1 - r_{yz}^2)}$$

4.3.3　重回帰

家計の消費支出額を説明する変数としては，当月の所得以外にも前月の所得，世帯人員数，年齢構成や貯蓄額などのさまざまな変数が存在する。このような場合に，重回帰式 $y = b_0 + b_1 x_1 + \cdots + b_k x_k$ が利用される。重回帰式のあてはめにも，観測値 y と予測値 $\hat{y} = b_0 + b_1 x_1 + \cdots + b_k x_k$ の差の平方和 $S = \sum (y_i - \hat{y}_i)^2$ を最小にする，最小2乗法を用いることができる。

説明変数が 2 つの場合

予測値を $\hat{y} = b_0 + b_1 x_1 + b_2 x_2$ とする。この式は 3 次元空間の平面を表すから，**回帰平面**とよぶことがある。残差 $e_i = y_i - \hat{y}_i$ の平方和 $S = \sum (y_i - \hat{y}_i)^2$ を最小にする b_0, b_1, b_2 は次の関係式を満たす。

$$\sum e_i = 0, \quad \sum x_{1i} e_i = 0, \quad \sum x_{2i} e_i = 0$$

最初の式から $\bar{e} = 0$ つまり $\bar{y} = \bar{\hat{y}} = b_0 + b_1 \bar{x}_1 + b_2 \bar{x}_2$ となるから，平均を表す点 $(\bar{x}_1, \bar{x}_2, \bar{y})$ は回帰平面の上にある。2 番目の式は x_1 と e の共分散が 0 となること，3 番目の式は x_2 と e の共分散が 0 となることを示している。さらに，$\sum \hat{y}_i e_i = b_0 \sum e_i + b_1 \sum x_{1i} e_i + b_2 \sum x_{2i} e_i = 0$ だから，予測値 $\hat{y}$ と残差 e は無相関となる。これらの関係が最小 2 乗法の特徴である。

なお b_1, b_2 の値は連立 1 次方程式 (4.3.1) の解として定められ，定数項は $b_0 = \bar{y} - (b_1 \bar{x}_1 + b_2 \bar{x}_2)$ となる。これを**正規方程式**とよぶ。ここで s_{11} は x_1 の分散，s_{12} は x_1 と x_2 の共分散，s_{1y} は x_1 と y の共分散などを表している。

$$s_{11} b_1 + s_{12} b_2 = s_{1y}, \quad s_{21} b_1 + s_{22} b_2 = s_{2y} \tag{4.3.1}$$

回帰式のあてはまりは，説明変数の変動が従属変数 y の変動を説明する程度で評価できる。観測値 y の**変動**（分散の n 倍）は，次のように分解される。

$$\sum_{i=1}^{n} (y_i - \bar{y})^2 = \sum_{i=1}^{n} (\hat{y}_i - \bar{y})^2 + \sum_{i=1}^{n} e_i^2 \tag{4.3.2}$$

実際，$\sum (y_i - \bar{y})^2 = \sum \{(\hat{y}_i - \bar{y}) + e_i\}^2 = \sum (\hat{y}_i - \bar{y})^2 + \sum e_i^2 + 2 \sum e_i (\hat{y}_i - \bar{y})$ と書き直すと，最後の項はゼロとなる。(4.3.2) 式の左辺を**全変動**，右辺第 1 項（回帰式で説明できる部分）を**回帰変動**，右辺第 2 項（回帰式で説明できない部分）を**残差変動**とよぶ。n で割れば，それぞれ観測値 y の分散 (s_y^2)，予測値 $\hat{y}$ の分散 $(s_{\hat{y}}^2)$，残差 e の分散 (s_e^2) である。次式で定義される**決定係数** R^2 は，従属変数 y の変動に占める予測値 $\hat{y}$ の変動の割合であり，$0 \le R^2 \le 1$ を満たす。

$$R^2 = \frac{\sum (\hat{y}_i - \bar{y})^2}{\sum (y_i - \bar{y})^2} = 1 - \frac{\sum e_i^2}{\sum (y_i - \bar{y})^2} = 1 - \frac{s_e^2}{s_y^2} \tag{4.3.3}$$

y と $\hat{y}$ との間の相関係数 $r_{y\hat{y}}$ は**重相関係数** (multiple correlation coefficient) とよばれ，通常は R と書く。

$$R = r_{y\hat{y}} = \frac{s_{y\hat{y}}}{s_y s_{\hat{y}}} = \frac{\sum(y_i - \bar{y})(\hat{y}_i - \bar{y})}{\sqrt{\sum(y_i - \bar{y})^2}\sqrt{\sum(\hat{y}_i - \bar{y})^2}}$$

ここで，$s_y, s_{\hat{y}}$ は $y, \hat{y}$ の標準偏差，$s_{y\hat{y}}$ は y と $\hat{y}$ の共分散である。なお，決定係数は重相関係数 R の 2 乗と一致することが示されるため，記号の混乱は生じない。重相関係数の分子は $\sum(y_i - \bar{y})(\hat{y}_i - \bar{y}) = \sum(\hat{y}_i - \bar{y} + e_i)(\hat{y}_i - \bar{y}) = \sum(\hat{y}_i - \bar{y})^2$ となるから，$R \geq 0$ である。なお，この式から，y と $\hat{y}$ の共分散 $s_{y\hat{y}}$ は $\hat{y}$ の分散 $s_{\hat{y}}^2$ に等しいことがわかる。

R は相関係数の特別な場合だから，1 に近いほど y と $\hat{y}$ は近いと解釈できる。しかし，重相関係数では，たとえば，(a) $R = 0.70$，(b) $R = 0.80$，(c) $R = 0.90$ という 3 つの結果について比較するとき，「$R = 0.90$ は $R = 0.80$ や $R = 0.70$ より 1 に近いから，あてはまりがよい」とは言えても，それぞれの差 $0.90 - 0.80$，$0.80 - 0.70$ の意味は解釈できない。これに対して，決定係数を用いると，「$R^2 = 0.81$ だから y の変動のうち 81% が説明される」と明確な評価ができる。さらに，3 つの結果 (a) $R^2 = 0.49$，(b) $R^2 = 0.64$，(c) $R^2 = 0.81$ を比較する際にも，それぞれの回帰式による説明力を 49%，64%，81% と表現できるうえ，R^2 の差から (a) と (b) については $0.64 - 0.49 = 0.15$，(b) と (c) については $0.81 - 0.64 = 0.17$ と，次第に説明力が高くなっていると表現できる。以上の理由から，回帰分析におけるあてはまりの尺度としては決定係数が広く利用される。

単回帰と重回帰の違い

重回帰式における説明変数の係数，すなわち回帰係数は，他の説明変数の値を固定したときの，従属変数 y の変化する量と解釈される。たとえば，2 変数 x_1, x_2 を用いた重回帰 $y = b_0 + b_1 x_1 + b_2 x_2$ における x_1 の回帰係数 b_1 は，x_2 の値が一定の場合に x_1 が 1 単位変化したときの y の変化を表している。これに対して，x_1 のみを用いた単回帰 $y = a_0 + a_1 x_1$ における x_1 の回帰係数 a_1 は，x_1 が 1 単位変化したときに x_2 の値が変化する可能性も含めて，最終的な y の変化を表している。したがって，x_1 と x_2 が無相関でない限り，b_1 と a_1 は異なる。

> **例 4.3（農作物の収穫量）**　　ある農作物の収穫量 y（kg/アール）を，月平均降水量 x_1（mm）と月平均気温 x_2（°C）で説明する有名な例をみよう。単回帰の結果は，$y = 64.8 - 0.10x_1$（$R^2 = 0.011$）および $y = 64.7 + 5.60x_2$（$R^2 = 0.607$）となり，x_2 については符号は期待通りであるが，x_1 の符号は常識と異なるうえ，決定係数が非常に小さい。ここで，x_1 と x_2 を説明変数とする重回帰式を求めると，$y = -212.2 + 0.62x_1 + 8.37x_2$（$R^2 = 0.844$）となって，妥当な結果が得られる。この例では，降水量の多い年には平均気温が低めになる（$r_{12} = -0.621$）という説明変数同士の影響がある。単回帰分析ではこの関係が反映されないため，この場合は重回帰分析が適切である。

以上のように，本来，説明変数として考慮すべき変数が回帰式に含まれないと，かたよった推定値が得られる。

4.3.4　共線性と変数選択

　正規方程式（4.3.1）から，説明変数 x_1 と x_2 の共分散が 0 のときは $b_1 = s_{1y}/s_{11}$，$b_2 = s_{2y}/s_{22}$ となり，それぞれ，y を x_1 または x_2 で説明する単回帰式の回帰係数と一致する。

　(4.3.1) 式を解くためには，$s_{11}s_{22} - s_{12}^2 = s_{11}s_{22}(1 - r_{12}^2)$ で割る必要があるから，x_1 と x_2 の間に（正または負の）完全な相関が存在して $r_{12}^2 = 1$ となる場合には，一意的な解を得ることはできない。これは x_2 の 1 次式によって x_1 が完全に説明される場合に対応する。r_{12}^2 の値が 1 に近いと，b_1 と b_2 を求める際に 0 に近い数で割り算をするため，データがわずかに変化しても回帰係数が大きく変化するなど，解が不安定になる。このような現象を（**多重）共線性**（multi-collinearity, collinearity）とよぶ。このことは 3 つ以上の説明変数がある場合にも同様で，ある変数 x_k が，それ以外の説明変数の 1 次式で $x_k = c_0 + c_1x_1 + \cdots c_{k-1}x_{k-1}$ とあらわされる場合は，連立方程式を解くことができない。とくに，ある説明変数が他の説明変数の合計あるいは平均の場合は完全な共線性が生じる。

　多くの経済変数には何らかの相互関係が存在するので，共線性の問題には

注意が必要である。たとえば，年間支出額を年間の給与総額と賞与額で説明する回帰式を作ると，賞与額と月額給与額には強い相関関係があるため，共線性の問題が深刻となる。

例 4.4（コブ・ダグラス生産関数） 経済学で知られているコブ・ダグラス生産関数を表す回帰式 $y = A + b_1 x_1 + b_2 x_2$ を年次データを用いて推定し，次の結果が得られた（2016 年統計検定 1 級の問題）。ここで y, x_1, x_2 はそれぞれ生産額，資本ストック，就業者（対数）である。

(1)　$y = 0.333 + 1.193 x_1$ 　　　　$(R^2 = 0.981)$
(2)　$y = 0.667 + 0.678 x_2$ 　　　　$(R^2 = 0.984)$
(3)　$y = 0.594 + 0.259 x_1 + 0.532 x_2$ 　$(R^2 = 0.984)$

経済理論によれば近似的に $b_1 + b_2 = 1$ となることが期待され，経験から $b_1 = 0.3 \sim 0.4, b_2 = 0.6 \sim 0.7$ 程度になることが多いため，(2) と (3) の結果は許容されるが，(1) の結果は常識的ではない。理論的には (3) 式が正しいものの，R^2 を比較すれば重回帰分析による追加的な説明力は小さい。この例では，説明変数の間の相関係数が 0.997 と非常に強い共線関係にあるため，推定結果は信頼性が低い。さらに，ある年の観測値を $(0.503, 0.387, 0.908)$ から $(0.503 + 0.027, 0.387, 0.908)$ へとわずかに変更した場合の結果をみると，$y = 0.798 - 0.453 x_1 + 0.930 x_2$ $(R^2 = 0.987)$ と，大きく違っている。

　共線性が生じているときは，このようにデータを少し変えただけで結果が大きく変わることがあり，もとの観測値の精度次第では，形式的な回帰分析は危険であることもわかる。

変数選択

　すべての変数を説明変数として利用すれば，「考慮すべき変数が回帰式に含まれない」ことによる，かたよった結果を避けることができる。一方，不必要な説明変数を導入すると，かたよりは発生しないが推定の精度が低下する（具体的には回帰係数の推定量の分散が大きくなる）。実際の問題では，標本の大きさ n および共線性の問題もあり，説明変数はある程度少ない方が適切となる。

　強い共線関係がない場合は，さまざまな説明変数の組み合わせに対して重回帰分析を適用し，その中から回帰係数の符号条件やあてはまりの良さなどを総合的に判断して最適なモデルを選択する。その際に利用される簡単な基準として，**自由度調整済み決定係数**とよばれる $\bar{R}^2$ が用いられることがある。これは $R^2 = 1 - s_e^2/s_y^2$ に現れる2つの分散をかたよりのない推定値でおきかえたもので，$\bar{R}^2 = 1 - \left(s_e^2/(n-k-1)\right)/\left(s_y^2/(n-1)\right)$ となる（k は説明変数の個数）。説明変数を増やせば決定係数 R^2 は必ず増加するため，このような工夫が必要となる。変数選択ないしモデル選択の基準は AIC, BIC, Mallows の C_p など，いくつかあるがここでは省略する。

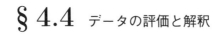

§ 4.4　データの評価と解釈

　この節では，社会・経済調査データの評価と解釈のために必要とされる統計的推測の方法として，信頼区間と仮説検定の基本的な考え方を紹介する。なお，社会・経済調査では一般に標本サイズ n が大きく，中心極限定理から正規分布による近似が有効であることから，正規分布を前提として記述する。

　世帯の支出金額，企業の売り上げなど，量的な変数 x の母集団平均 μ を推定する場合，大きさ n の確率抽出標本を前提とすれば，標本平均 $\bar{x} = \sum x_i/n$ の分布は正規分布 $N(\mu, \sigma^2/n)$ で近似される。ここで σ^2 は母集団分散であるが，n が大きければ標本分散 $s^2 = \sum(x_i - \bar{x})^2/(n-1)$ で置き換えることができる。標本分散の分母を $n-1$ ではなく n で置き換えた推定量を用いても大差はない。標本平均は母集団平均 μ の代表的な推定量であり，本節ではこれ以外の推定量については触れない。

　ある政策の支持率などの調査では，θ を母集団の支持率とすると，大きさ n の確率抽出標本における支持者数 x は二項分布 $B(n, \theta)$ にしたがう。ここでも中心極限定理によって，標本比率 $\hat{\theta} = x/n$ は正規分布 $N(\theta, \theta(1-\theta)/n)$ で近似され，n が大きければ分散を $\hat{\theta}(1-\hat{\theta})/n$ で置き換えることができる。比率に関する推定は，支持を $y = 1$，不支持を $y = 0$ とする変数を考えれば，平均に関する推定に帰着される。ただし，比率の場合は母集団分散は母集団

期待値の関数となる点で違いがある。

以下の議論では，一般的に統計的推測の対象とする母数を θ，その推定量を $\hat{\theta}$ と表し，$\hat{\theta}$ の分布を正規分布 $N(\theta, \sigma^2/n)$ とする。また $\hat{\theta}$ の標準偏差 $\sqrt{\sigma^2/n}$ を標準誤差 $se(\hat{\theta})$ と表す。

4.4.1 信頼区間

母数 θ を，1つの推定値で推測することを**点推定** (point estimation) という。しかし，推定値は標本によって変動する誤差を含むから，通常は母数に一致するとは限らない。一方，値の範囲を示して母数を推測することを**区間推定** (interval estimation) という。

区間推定の考え方は以下のとおりである。推定量 $\hat{\theta}$ の値は標本によって変わり得るが，$(\hat{\theta} - \theta)/se(\hat{\theta})$ は標準正規分布にしたがうから，$z_{\alpha/2}$ を標準正規分布の上側確率 $100\,(\alpha/2)\%$ 点とすると，推定量 $\hat{\theta}$ の値が，θ を中心として $\pm z_{\alpha/2}se(\hat{\theta})$ の範囲に入る確率は $1 - \alpha$ となる。

$$\Pr\Big(\theta - z_{\alpha/2}se(\hat{\theta}) \leq \hat{\theta} \leq \theta + z_{\alpha/2}se(\hat{\theta})\Big) = 1 - \alpha \tag{4.4.1}$$

かっこ内の不等式を書き換えると，θ を含む区間 $[\hat{\theta}-z_{\alpha/2}se(\hat{\theta}),\ \hat{\theta}+z_{\alpha/2}se(\hat{\theta})]$ が得られる。この区間を，母平均 θ の信頼係数 $100(1-\alpha)\%$ の**信頼区間** (confidence interval) という。信頼係数の値としては95％（$\alpha = 0.05$, $z_{0.025} = 1.96$）や99％（$\alpha = 0.01$, $z_{0.005} = 2.58$）がよく用いられる。

調査結果を報告するときには，推定値だけでなく，標準誤差や標準誤差率あるいは信頼区間も同時に示すことが重要である。たとえば，女子高校生の身長（cm）の母平均の推定値 $\hat{\theta} = 157.7$ に加えて，標準誤差 $se(\hat{\theta}) = 1.05$ を示せば，95％信頼区間は $[155.6, 159.8]$ となり，推定値には数 cm 程度の誤差を見込む必要があることが分かる。

なお「信頼区間 $[155.6, 159.8]$ は95％の確率で母平均を含む」という表現は誤りである。ある1つの信頼区間は，母平均を含むか含まないかのいずれかである。信頼係数95％とは，何度も標本抽出を繰り返せば，さまざまに変わり得る信頼区間のうちの95％は母平均を含むという意味である。信頼係数は確率ではない。

コラム ▸▸ Column ·················· ● 区間推定とベイズ統計学

　量的変数の母集団平均 μ を推定する問題では，推定量 $\hat{\theta}$ の分布は正規分布 $N(\mu, \sigma^2/n)$ で近似されることが多い。母集団比率 θ の推定では，推定量（標本比率）$\hat{\theta}$ の分布は正規分布 $N(\theta, \theta(1-\theta)/n)$ で近似される。以下では一般に，関心の対象を θ，その推定量を $\hat{\theta}$，その分布を $N(\mu, \sigma^2/n)$ として，母集団分散 σ^2 が既知の場合を記す。比率の推定に関しては，n が十分大きいときは $\sigma^2 = \hat{\theta}(1-\hat{\theta})$ を近似として既知とすれば，量的変数の推定と同じ状況になる。

　古典的な統計学における区間推定は次のように行われる。$\hat{\theta}$ を標準化して $z = \sqrt{n}(\hat{\theta}-\theta)/\sigma$ とすると，たとえば $P(-1.96 < z < 1.96) = 0.95$ が成立する。この段階では 0.95 は確率である。実際の推定値が得られたとき，$(-1.96 < z < 1.96)$ を θ について解いた $\hat{\theta} - 1.96\,\sigma/\sqrt{n} < \theta < \hat{\theta} + 1.96\,\sigma/\sqrt{n}$ を θ の「信頼係数 95% の信頼区間」とよぶが，推定値 $\hat{\theta}$ が得られたときには，z は一定だから，$(-1.96 < z < 1.96)$ が成立する確率を考えることはできない。

　信頼係数の解釈は，同じ実験を繰り返して，そのたびに信頼区間を構成すると，そのうちの 95% の割合で，真の（固定された）θ が信頼区間に含まれるというものである。この方法は品質管理など，同じ手順が繰り返し適用される場合には有効であるが，特定の 1 回の結果については，そのときの信頼区間が真の θ を含むか含まないかはわからない。これでは具体的な問題の解決には役に立たないとして，社会・経済における問題で利用することには，従来から批判があった。

　一方，ベイズ統計学の立場であれば，確率的な表現を用いて区間推定を構成することができる。母数 θ に関する事前分布 $p(\theta)$ を想定すると，観測値 $\{y_1, \ldots, y_n\}$ から $\hat{\theta}$ が得られたときの事後分布 $p(\theta \mid y_1, \ldots, y_n) \propto p(\theta)p(y_1, \ldots, y_n \mid \theta)$ を用いれば，θ が特定の区間に含まれる確率を評価することができる。

　観測値が正規分布に従う問題では θ の事前分布が正規分布 $N(m_0, 1/\tau_0)$ のとき，θ の事後分布は正規分布 $N(m_1, 1/\tau_1)$ となることが示される。ここで $\tau_1 = n/\sigma^2 + \tau_0$，$m_1 = \{(n/\sigma^2)\hat{\theta} + \tau_0 m_0)/(n/\sigma^2 + \tau_0)\}$ である。とくに事前の情報がほとんどない場合として $\tau_0 \to 0$ とすると，事後分布は $N(\hat{\theta}, \sigma^2/n)$ となる。このとき，θ が区間 $(\hat{\theta} - 1.96\,\sigma/\sqrt{n}, \hat{\theta} + 1.96\,\sigma/\sqrt{n})$ に含まれる主観確率は 95% となる。この区間を確率 95% の**信用区間** (credible interval) とよぶ。形式的には信頼区間と同じ式ではあるが，確率変数は $\hat{\theta}$ ではなく θ であり，信頼係数という，論理的に欠陥のある概念を導入する必要はない。

4.4.2 仮説検定

ここでは母数を θ, その推定量 $\hat{\theta}$ が正規分布 $N(\theta, se(\hat{\theta})^2)$ にしたがう場合を扱う。

世帯に関する消費動向の調査で今月の支出金額（万円）が $\hat{\theta} = 32.0$, $se(\hat{\theta}) = 0.60$ だったとき，10年前の支出金額 33.8 と比較して消費水準は低下していないという仮説を考えよう。この場合は**帰無仮説**を $H_0 : \theta = \theta_0$ ($\theta_0 = 33.8$)，**片側対立仮説**を $H_1 : \theta \le \theta_0$ として，**有意水準** $\alpha = 5\%$ で検定する手順は次のようになる。$\hat{\theta}$ は対立仮説が正しいときは帰無仮説が正しいときより小さな値を取る傾向がある。ここで $z = (\hat{\theta} - \theta_0)/se(\hat{\theta})$ とすると，帰無仮説が正しいときには z は標準正規分布にしたがい，$\Pr(z < -1.645) = 0.05$ となる。そのため，$z > -1.645$ のときに仮説を**棄却**すれば，これは有意水準 5% の**棄却域**となる。有意水準とは，仮説 H_0 が正しいときに誤って棄却する確率の最大値である。一方，$-1.96 < z < 1.96$ となるときには仮説は棄却されず，この領域を**受容域**とよぶ。なお，検定に用いられる統計量を**検定統計量**とよぶ。今の例では，z の実現値 $(32.0 - 33.8)/0.60 = -3.0$ は棄却域にあるから，仮説は棄却される。有意水準という用語は，同じ手順で検定を繰り返すとき，仮説が棄却される確率が α となることを示しているが，特定の結果について，仮説が棄却されたときに「この仮説が正しい確率は α である」という表現は誤りである。

対立仮説としては「10年前と消費水準は変わらない」という，**両側対立仮説** $H_1 : \theta \ne \theta_0$ を考えることもある。帰無仮説の下では z は平均 0 に近くなり，$\Pr(|z| < 1.96) = 0.95$ だから有意水準を 5% とする棄却域は $|z| > 1.96$ であり，この場合にも仮説は棄却される。

比率に関する片側対立仮説の例として，ある政策の母集団における支持率が 50% を超えることを主張するため，帰無仮説 $H_0 : \theta = \theta_0$ ($\theta_0 = 0.5$) に対して，$H_0 : \theta \ge \theta_0$ という片側対立仮説を考えよう。標本比率を $\hat{\theta}$ とすると，検定統計量 $z = (\hat{\theta} - \theta_0)/se(\hat{\theta})$ ($se(\hat{\theta}) = \sqrt{\hat{\theta}(1 - \hat{\theta})/n}$) が標準正規分布にしたがい，対立仮説の下では z は小さくなるから，棄却域は $z < -1.645$ である。$n = 2500$, $\theta_0 = 0.5$ のときは $\hat{\theta} < \theta_0 - 1.645 se(\hat{\theta}) = 0.50 - 1.645\sqrt{0.5 \cdot 0.5/2500} = 0.484$ である。世論調査の支持率 $\hat{\theta}$ がこれより小さいときに仮説 H_0 は棄却される。

棄却と受容，2種類の誤り

帰無仮説が正しいときに誤って棄却する誤りを**第1種過誤**（生産者危険）とよぶことがある。有意水準 α は第1種過誤の確率でもあるが，これは「帰無仮説が正しくない確率」ではないこと，棄却と受容は対称的な表現ではないことに注意が必要である。仮説を棄却できないときは「仮説を受容する」と表現するが，それは仮説が正しいことを意味するのではなく，疑問とする十分な証拠がないことを表す用語である。対立仮説が正しいときに帰無仮説を受容する誤りを**第2種過誤**（消費者危険）とよび，その確率を β と表記する。対立仮説が正しいときには帰無仮説を棄却するのが正しい判断である。仮説の誤りを検出する確率 $1 - \beta$ を検定の**検出力** (power of test) とよぶ。

通常，β を求めるためには H_1 を特定する必要がある。たとえば，観測値が二項分布 $y \sim B(n, \theta)$ にしたがう場合，帰無仮説を $H_0 : \theta = 1/2$，対立仮説を $H_1 : \theta = \theta_1, \theta_1 > 1/2$ として，棄却域を $y \geq c$ （c はある定数）と定めると，$\beta = P(y < c) = 1 - P(y \geq c)$ を求めるためには θ_1 の値を特定する必要がある。

P-値

伝統的な手順では，仮説を棄却する基準としてあらかじめ固定した有意水準 α が用いられるが，関連する判断基準に P-**値** (P-value) がある。これは確率値，または観測された有意水準ともよばれ，その表記も P-値，P 値，p 値などがある。P-値は帰無仮説が正しいときに「検定統計量が観測された値と同じかそれ以上に極端な値を取る確率」と漠然と定義されたが，片側検定の場合には明確である。

z を検定統計量とする片側検定で z が大きなときに棄却する場合，観測値を z_{obs} とすると，P-値は $\Pr(z \geq z_{obs} \mid H_0)$ と評価される。もし P-値が 0.03 となったとすると，有意水準5%なら帰無仮説は棄却されるが，有意水準が1%であれば棄却されない。このように観測結果の重要性 (significance) を明示できる点で，固定した有意水準の結論だけを報告するよりも情報量が豊富である。観測された有意水準という名称もこのことを意味している。

両側検定の場合は定義が必ずしも明確ではなく，片側検定の P-値の2倍とすることがある。また「観測結果と比べて出現する確率が小さい事象の確

率」とすることもあり，R (Version 2.13) ではこの定義が用いられている。正確に記せば，標本 z が得られる確率（密度）を $f(z)$ と表すとき，事象 $\{z \mid f(z) \leq f(z_{obs})\}$ の確率を P-値とよぶ。この定義によれば離散的な確率分布の場合の両側検定でも，観測値の確率より小さな確率の合計が P-値となる。

正規分布のように対称な場合にはどの定義でも同じ値となるが，非対称な場合や離散分布の場合には定義次第で異なる例もあり，必ずしも確立した概念とはいえない。

仮説検定と信頼区間の関係

仮説 $H_0 : \theta = \theta_0$ を有意水準 α で検定する両側検定は，原理的に信頼区間と同等である。すなわち，θ_0 が信頼係数 $100(1-\alpha)\%$ の信頼区間に含まれるときに仮説を受容し，含まれないときに仮説を棄却することに対応している。157 ページの消費動向の例では，θ の 95% 信頼区間は $\hat{\theta} \pm 1.96 se(\hat{\theta}) = 32.0 \pm 1.96 \cdot 0.60 = [30.8, 33.2]$ であり，$\theta_0 = 33.8$ は信頼区間の外にある。

なお，片側対立仮説 $H_0 : \theta < \theta_0$ の場合には「片側」信頼区間が対応するが，これについては省略する。

コラム ▶▶ Column ・・・・・・・・・・・・・・・・・・・・・・ ● 確率とベイズ統計学

確率サイコロ投げやカードゲームに関する確率は，理想的な状態を前提とした場合のモデルとしては有用である一方で，そのままでは実生活では役に立たないこともある。1 組 52 枚のトランプから 1 枚を抜き出すときに赤となる確率を 1/2 と想定できるのは，そのカードには同じ形の赤と黒がそれぞれ 26 枚ずつ入っていることを前提とした判断である。奇術師がもっているカードに関してそのような想定ができなかったら，この判断は正しいとは言えない。別な例として「紫式部が宇治十帖として知られる小説の作者である」という命題の確からしさを確率として表現しようとしても，この問題ではカードのような背景すら想定することは難しい。

硬貨を投げて表がでる確率を 1/2 と想定するときも同様である。もし，この硬貨が歪んでいなければ，多くの人は経験から表がでる割合は 1/2 に近いことを知っている。この前提が正しければ表の確率を 1/2 と想定できるが，歪んだ硬貨や奇術師の持っている硬貨ではそうはいかない。

ベイズ統計学では，繰り返し実験を想定した**事象**より広い意味で用いる一般

的な命題に対しても確率を想定する。確率の評価方法に関する詳細は省略するが，合理的な行動を取る意思決定者は，ある命題を標準的な実験と比較することで，命題の確からしさを数値化できるという公理から出発するものであり，その数値を主観確率または判断確率とよぶ。判断は意思決定者のもつ情報 H によって異なるため，正確には情報 H の下で命題 E に関する主観確率を $P(E \mid H)$ と書く。このようにして導かれる主観確率は，数学的な確率の公理を満たすことが示される。

追加的な情報 F の下で判断する確率 $P(E \mid H \cap F)$ は，合理的な行動に関する仮定の下では $P(E \mid H \cap F) = P(E \cap F \mid H)/P(F \mid H)$ の形で求められることが「定理として導かれる」。共通の前提条件 H を省略すると，これは $P(E \mid F) = P(E \cap F)/P(F)$ となり，通常「条件つき確率の定義」とされる形と等しい。ただし，ベイズ統計学ではこれは定義ではなく，定理である。

単純化した硬貨の例を記そう。表がでるという命題を E と表し，その確率 θ が異なる m 種類の硬貨 $E_1, \cdots, E_m$ が存在する，すなわち $\theta_j = P(E \mid E_j \cap H)$ $(j = 1, \cdots, m)$ と想定する。ここで，状態 E_j の主観確率を $P(E_j \mid H) = \pi_j$ とする。以下では，特定の H を固定することとして，H を省略する。

これから行う実験で E となる確率は，いわゆる全確率の評価式から，

$$P(E) = \sum_j P(E_j \cap E) = \sum_j P(E_j)P(E \mid E_j)$$

となる。θ_j に関する主観確率 $\pi_j = P(E_j)$ が 1/2 に関して対称で，たとえば次の表のように与えられれば，$P(E) = \sum_j \pi_j \theta_j = 1/2$ となる。

θ_j	0.0	0.1	0.2	0.3	0.4	0.5	0.6	0.7	0.8	0.9	1.0	計
π_j	0.01	0.02	0.03	0.04	0.2	0.4	0.2	0.04	0.03	0.02	0.01	1.00
π_j'	0.00	0.00	0.00	0.00	0.00	0.02	0.05	0.05	0.14	0.30	0.44	1.00

ところで，「n 回連続で表が出る」という命題を F とすると，その確率は E_j の想定の下では $P(F \mid E_j) = {\theta_j}^n$ であるが，F が観測された後の E_j に関する主観確率は $\pi_j' = P(E_j \mid F) = P(E_j \cap F)/P(F) = P(E_j)P(F \cap E_j)/P(F)$ と修正される。ただし，分母は $P(F) = \sum_i P(E_i)P(F \mid E_i)$ である。

これが合理性に関する公理から導かれる「ベイズの定理」である。さきほどの表には $n = 10$ に対して計算した π_j' の値も記載している。この π_j' を用い

ると,表が出る確率 $P(E \mid F) = \sum_j \pi'_j \theta_j$ は,0.897 と大きくなる。さらに,$n = 50$ のときは $P(E \mid F) = 0.998$ となる。これは硬貨の性質が変化するのではなく,判断が変化するのである。

ここに登場した $\pi_j = P(E_j)$ を**事前確率**,$\pi'_j = P(E_j \mid F)$ を**事後確率**とよび,$P(E \mid E_j)$ を**尤度**とよぶ。ただし,ベイズ統計学の枠組みでは $P(E \mid E_j \cap H)$ は条件つき確率であり,尤度という概念を導入する必要はない。

事後確率の計算では分母の $P(F)$ は j に依存しないため,比例の表現を用いて $P(E_j \mid F) \propto P(E_j)P(F \mid E_j)$ または $\pi'_j \propto \pi_j P(F \mid E_j)$ と表現することが多い。

一般的な形では,ベイズの定理は次のように利用される。確率分布の母数 θ の下で観測値 y が発生する確率を $p(y \mid \theta)$ と表し,母数 θ を未知の状態と考える。θ の取りうる値は,離散的な場合は $\theta_1, \theta_2, \ldots$,連続的な場合は $0 < \theta < 1$,$-\infty < \theta < \infty$ などとする。θ に関する事前確率の和は 1 だから,それぞれ $\sum_j p(\theta_j) = 1$,$\int p(\theta)d\theta = 1$ である。$p(\theta)$ を事前分布とよぶ。y を観測したときの θ の事後確率は $p(\theta \mid y) = p(\theta)p(y \mid \theta)/p(y)$ となるが,具体的に数値を求めるためには分母の $p(y) = \int p(\theta)p(y \mid \theta)d\theta$ を計算する必要がある。標準的な $p(y \mid \theta)$ と $p(\theta)$ の組み合わせに対しては,明示的な事後分布が導出されるが,最近では複雑な $p(y \mid \theta)$ と $p(\theta)$ が用いられるようになっている。複雑な事後分布に対しては,特に最近,さまざまな数値計算の手法が開発されている。

簡単な例を示そう。ある事象(太陽が東から昇る)を E として,その母数 θ に関する事前分布を一様分布 $\pi_0(\theta) = 1$ $(0 < \theta < 1)$ とする。n 日連続で E が観測された結果を y とすると,その確率は $p(y \mid \theta) = \theta^n$ だから,y の周辺分布は $p(y) = \int_0^1 \theta^n d\theta = 1/(n+1)$,事後分布は $\pi_1(\theta) = (n+1)\theta^n$ となる。y を観測する前の判断では,E となる確率は $\int_0^\infty \theta \pi_0(\theta) = 1/2$ であるが,n 日連続で東からの日の出を観測した後では $\int_0^\infty \theta \pi_1(\theta) = (n+1)/(n+2)$ となり,n が大きいほど,明日,太陽が東から昇る確率は 1 に近くなる。

§ 4.5　調査結果のまとめ

4.5.1　調査の概要とデータの特性と要約

調査結果のまとめにおいて，最初に，調査の企画と設計および調査の実際について記すことが肝要である。**調査の目的**から始まり，**調査項目，調査対象，調査時点・期間，調査方法**が明確でないと，得られた調査結果を的確に読み解くことができない。**調査票**の掲示も，調査項目が適切に配置されているかどうかを確認し，結果の信頼性を確保するうえで欠かせない。

民間が実施する調査のデータは第 2 章で触れたように質的変数が多い。量的変数と異なって，調査結果をまとめる際に，分割表の形式で要約する場合が多い。量的変数もカテゴリ化すれば分割表にできるが，その逆は難しい。分割表では 1 変数は単純集計表，2 変数以上の場合はクロス集計表となる。

質的変数における主な統計量は，量的変数の平均値に対して比率（割合）であり，分散に対しては分割表の χ^2 値である。比率の推定と検定，分割表の適合度検定，独立性検定などで結果が評価される。2 変数間の関係の記述についても，量的変数の相関係数に対して連関係数や相関比が使われる。

4.5.2　調査の評価

政府が実施する国勢調査，経済センサス，農林業センサス等の調査対象を全数調査する統計調査を別にすれば，大半の調査は調査対象全体の中から抽出された一部の対象に対して調査する標本調査である。

標本調査においては，分析に利用する標本に関する情報の提供が調査結果を評価する際に欠かせない。少なくとも，調査対象となる集団を構成する**対象の数**，調査の設計で設定された**標本の大きさ**，有効な調査票の**回収数，回収率**を記載することが，調査の精度を評価するうえで重要である。

調査においては，調査対象の全体（母集団）から抽出された標本にもとづく結果が母集団についての情報を偏りなく正確に反映できているかが，結果の信頼性を大きく左右する。調査対象が母集団の縮図となるような標本を構成するために，母集団から確率的に標本を抽出する調査方法が採用されることが多い。ただし，調査目的に沿ってある属性についての母集団の構成と同じ

になるような確率的抽出方法に依ったとしても，非回収・無回答によって回収された有効な標本が結果として母集団の構成と相違することが起こりうる。

　母集団の構成と相違がないと判断しても問題ないとする根拠として，**適合度検定（goodness of fit test）**が行われる。調査結果の分析において重要と考えられる属性に関して，母集団の構成比と標本の構成比が同じであるかを適合度検定によって検定することができる。

　k 個のクラスについて，母集団の構成比を $m_1, m_2, \cdots m_k$，標本の構成比を $s_1, s_2, \cdots s_k$，標本の大きさを n としたとき，標本が母集団と同じ構成比であるとの帰無仮説の下で次の**検定統計量** χ^2 は自由度 $(k-1)$ の χ^2 分布に近似的に従う。ただし，O_i は標本におけるクラス i に属する対象数 $(s_i \times n)$，E_i は帰無仮説の下で標本としてクラス i で期待される対象数 $(m_i \times n)$ である。

$$\chi^2 = \sum (O_i - E_i)^2 / E_i$$

　χ^2 は O_i と E_i の差異が全くないときは 0 になり，差異の程度が大きいほど大きくなることが分かる。自由度 $(k-1)$ の χ^2 分布の上側 $100\alpha\%$ 点を $\chi^2_\alpha(k-1)$ と表すと，検定統計量 χ^2 が $\chi^2_\alpha(k-1)$ を上回れば，有意水準 $100\alpha\%$ で帰無仮説を棄却する。すなわち，関心のある属性に関して，母集団の構成比と標本の構成比は同一でないと結論する。

　他方，検定統計量 χ^2 が有意水準 $100\alpha\%$ 点を超えない場合は，母集団の構成比と標本の構成比は相違するとはいえないとする。ただし，χ^2 の値が 0 となる場合は，母集団の構成比と標本の構成比が同一であることを示し，χ^2 の値が小さいほど適合していそうであることは直観的に理解できる。適合度検定の χ^2 の値を記載しておくことによって，調査結果のもととなる標本がどれだけ母集団を代表しているかを知る手がかりが与えられる。

　調査が標本調査で行われる場合，調査結果から母集団についての推計値を求めるが，推計値には標本抽出に起因する**標本誤差**が生じる。標本誤差の大きさを評価する数値として**標準誤差**（推計値の分散の平方根）があり，推計値の精度を示す。標本抽出が確率抽出法に拠っているならば，推計値を中心としてその前後に標準誤差の 2 倍ずつの幅をとれば，その中に，全数調査から得られるはずの値が約 95%の信頼率（信頼係数）で含まれると判断できる（**4.4.1** 項に詳述されている）。また，標準誤差が推計値に対してどの程度の

大きさであるかをみるために，標準誤差を推計値で除した**標準誤差率**も有用である。調査結果の記載において，結果の精度を評価できるように，標準誤差，あるいは標準誤差率の大きさを掲示することが有効である。

コラム ▶▶ Column ● 適合度検定の事例

　調査目的は「選択的夫婦別氏制度の導入について，20 歳以上の成人女性の意向を世代別に知りたい」であり，そのための世論調査が 2022 年 4 月に実施された。有効回答者は 2450 人（当初標本 2700 人；回収率 90.74%）であり，その 10 歳刻みの年齢分布は次の如くであった。

世論調査における日本人成人女性の年齢分布

20 歳代	30 歳代	40 歳代	50 歳代	60 歳代	70 歳代	80 歳代以上
10.5%	13.1%	18.5%	17.0%	14.9%	15.8%	10.2%

　一方，日本人女性の全体の年齢分布は，総務省「令和 2 年国勢調査」から次のように報告されている。

国勢調査における日本人成人女性の年齢分布（年齢不詳を除く）

20 歳代	30 歳代	40 歳代	50 歳代	60 歳代	70 歳代	80 歳代以上
11.9%	13.5%	17.6%	15.8%	13.7%	15.5%	11.9%

　世論調査から得られた標本が日本人成人女性の年齢分布を代表しているかを確認するために，χ^2 統計量を求めると

$$\chi^2 = 2450\{(0.105 - 0.119)^2/0.119 + (0.131 - 0.135)^2/0.135 \cdots$$
$$+ (0.102 - 0.119)^2/0.119\} = 16.27$$

　自由度は (7–1) の 6 であり，χ^2 分布表から 5% 有意水準，1% 有意水準の χ^2 値を求めると，それぞれ 12.59，16.81 である。また，P-値は 0.0124 である。

　世論調査から得られた標本が日本人成人女性の年齢分布と同一であるとの帰無仮説は有意水準 5% で棄却され，有意水準 1% でも棄却されるような結果であった。当初の標本が 2700 であることに加えて，回収率も 90% を超えているから調査結果は十分に信頼できると判断することが危険であることを示している。他の多くの調査でも観察されるように，20 歳代の若年層と 80 歳以上の高齢層の回答状況が良くないため，これらの世代の意見の結果への反映が少なく表れていることを示す。

4.5.3 データの集計と適切な表現方法

　調査結果を集計することによって，数字の羅列から有効な情報を入手することができる。集計に際して，事前にデータの誤りや外れ値の処理等の作業を行うことが肝要である。無回答の扱いについては判断が分かれるが，無回答も重要な情報と判断して総数に含めるのが一般的である。集計の方法として**単純集計**と**クロス集計**があり，集計結果は表の形式で示される。

　集計された結果の可視化にはグラフで表現することが有用である。グラフ化によって一目でデータの特徴を捉えることができる。また，調査結果について説明する際にも，グラフで視覚的に表現することは直観的な理解を促し，説得力を高める効果を持つ。

（ア）単純集計

　調査結果から全体の傾向を知るための基本的な集計が**単純集計**である。性別，地域のような質的変数について，カテゴリを選択した回答結果が得られる場合，単純集計はカテゴリごとの回答数と割合を求めたものである。各カテゴリを区別せずに単純に集計するので，**GT**（grand total）**集計**とも称される。回答がカテゴリから選択する方式ではなく，収入，支出のような量的変数について自由記述方式で数値を記入する場合，数値の範囲を階級化して単純集計する。集計結果は階級ごとの回答数を示す度数分布表にほかならない。また，集計表に代えて，平均，標準偏差等の基本統計量で示すこともある。

　集計結果をグラフで表す際には，調査目的および質問の種類に対応して適切なグラフを選ぶ必要がある。単純集計の場合，**単一回答**（SA）は円グラフや**帯グラフ**で全体に対する各カテゴリの割合を表すのが適切である。円グラフはカテゴリに順序がなければ，割合の大きなカテゴリの順に並べることで傾向を捉えやすくなる。**帯グラフ**は単一回答の結果が複数あるとき，それぞれの結果を比較して示すのに適している。2つ以上の**複数回答**（MA）については，**棒グラフやレーダーチャート**を利用できる。複数回答においてはカテゴリに順序がない場合がほとんどであるので，割合の大きなカテゴリの順に並べるのが適切である。ただし，「どれにも当てはまらない」などのカ

テゴリは最後に配置する。**棒グラフ**はカテゴリごとの回答数や割合を棒の長さで表したグラフで，カテゴリをグラフの左側に表示し棒を横向きに並べた横棒グラフ，カテゴリをグラフの下側に表示し棒を縦向きに並べた縦棒グラフを適宜使い分ける。**レーダーチャート**は，複数回答において選択数が相違する属性の異なる複数のグループについて，グループ間の傾向の差異を捉えたいときに特に有効である。量的変数については，**ヒストグラム**で図示すれば，階級によってデータの範囲が異なる場合にも対応できる。

（イ）クロス集計

　クロス集計は，回答者の属性ごとに質問に対する回答結果がどのように相違するか，あるいは複数の質問の選択肢の間にどのような関連があるかを知るために，属性×質問や質問×質問の掛け合わせた結果について，回答数や割合を行列形式で集計したものである。単純集計の結果を多くの組み合わせで細分化して把握できるため，単純集計では見えない詳細な関係を検出することができる。ただし，属性や質問の数が多いとき，その組み合わせは膨大となるので，あらかじめ単純集計で全体の傾向を捉えてから，有効な組み合わせについて集計するのが効率的である。クロス集計において，各セルに入る回答数が少ない，極端なケースで1つの場合のように，調査対象が特定されてしまうときには，選択肢のカテゴリを統合するような工夫が必要である。回答数が十分であれば，クロス集計は2つの組み合わせによる2元表だけでなく，3次元以上の**多重クロス表**も可能である。

　組み合わせの片方が量的変数の場合，数値の範囲を階級化してクロス集計する方法のほか，平均値，標準偏差の基本的な統計量に加えて，最小値，第1四分位数，第2四分位数（中央値），第3四分位数，最大値の5数を表示する方法から多くの情報を引き出すことができる。

　組み合わせのいずれも量的変数の場合，数値の範囲を階級化してクロス集計して作成した表を**相関表**という。とくに，量的変数の組み合わせで取り得る値がデータ数に比べて少なく，重なる点が多くなる場合は，相関表の作成が有効である。

　クロス集計の結果は，複数の折れ線グラフ，棒グラフで図示できるほか，**積み上げ棒グラフ**で表すと視覚的に理解しやすい。積み上げ棒グラフは1本

の縦棒に複数の要素のデータを積み上げて表示する形式の縦棒グラフであり，合計と要素の構成を確認できる。分析内容によって，縦棒の長さを同じにする 100％積み上げ棒グラフも有用である。

　組み合わせのいずれも量的変数の場合，x 軸と y 軸に 2 つの量的変数の値を対応させて図を描く方法が広く利用されている。このような 2 次元平面に表した図を**散布図（相関図）**とよび，2 つの量的変数間の関連を分析する際に欠かせない方法である。2 つの量的変数間の関連に他の属性または質問のカテゴリが大きく影響する場合，カテゴリごとに別々の散布図を描いてカテゴリの影響を取り除いたものを**層別した散布図**という。3 次元クロス表に対応した図である。散布図上の点をカテゴリごとに異なる印で描くことによって，3 次元クロス表を 1 枚の散布図としてグラフ化することができる。

（ウ）自由記述の処理

　回答が文章による自由記述である場合には，そのまま集計することができない。記述内容を処理する方法として**アフターコーディング**が一般的である。アフターコーディングとは，記述内容の中から類似の回答をまとめ上げて，少数の選択肢に絞り込んで処理する方法をいう。

　最近では，**テキストマイニング**の手法も活用されてきている。テキストマイニングとは，質的な言語データ（テキスト）の中に埋もれている情報を掘り起こして活用するための方法である。記述内容を言語上で意味を持つ形態素とよばれる最小単位に分割し，それらを品詞に分類して文字列として抽出する形態素解析，文字列について主語と述語の係り受けなどの構文レベルで解析する構文解析，構文解析の係り受けを分析して，特定の名詞がどのような形容詞と結びつきやすいかの傾向を見て記述内容を分類する意味解析，といった一連の手順を通して実行される。これによって自由記述の回答をカテゴリ化することができる。

（エ）ウェイトバック集計

　ウェイトバック集計とは，調査目的に照らして重要な属性について，回収された標本の構成比を母集団の構成比に合わせて集計する方法をいう。国勢調査や業界リスト等の情報から属性についての母集団の構成比が利用可能で

ある場合に，母集団の構成比と等しくなるように標本の復元倍率を補正して集計される。

コラム ▶▶ Column ‥‥‥‥‥‥‥‥‥‥‥‥‥‥‥‥ ● クロス表の構成

　クロス表は次図に示すように，大別して6つの部分から構成される。表の内容を表す**表題**（タイトル），表の数値間の関係と意味を示す**表頭・表側**，表頭・表側に対応する数値を記載する部分である**表体**，表体の中を横にみた1系列を**行**，縦に見た1系列を**列**（欄）といい，表体の数値が入る1つ1つの部分を**セル**（コマ）とよぶ。

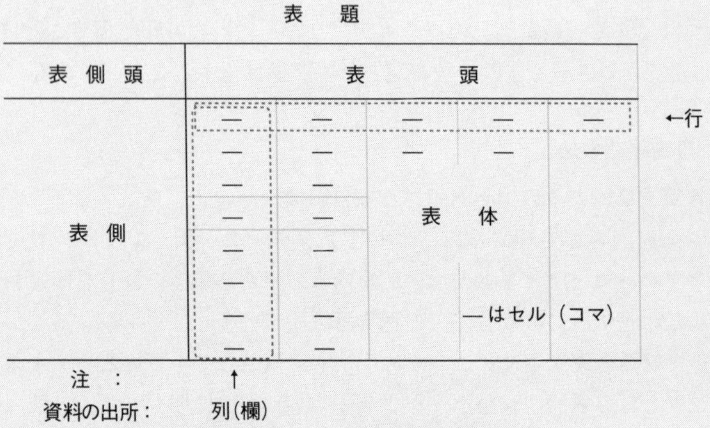

図4.11　クロス表の構成要素

　表題は付けることが必要であり，表の上部に掲示する。それに対して，グラフのタイトルは下部に掲示するのが通例である。結果表をどのような視点でとらえるかが重要であり，この視点のことを分析軸という。日本では分析軸を表側に置くことが多く，割合で示される場合，横軸の割合の合計が100％となる。一方，海外では分析軸を表頭に置き，縦方向に数字を読み込む形のクロス集計表を出力することが多い。外部から引用した表については，必ず資料の出所を記すことが求められる。また，表やその中の数値等についての補足説明のために，注が設けられることがある。

4.5.4 調査データの分析と結果の評価

調査データの分析およびまとめは，目的に沿って適切な集計を行い，その結果を表やグラフで示すことによって，ほぼ役割を果たす。しかしながら，表やグラフの読み解き方は人によって相違し，解釈が異なる場合がある。調査データを客観的に評価し，解釈するために多くの統計的手法がある。

調査目的が仮説検証型であるか仮説探索型であるかによって，適用する統計的手法は異なる。

（ア）仮説検証型のための統計的手法

仮説検証型は，あらかじめ設定した仮説の適否を調査データにもとづいて検定することを目的としており，χ^2 検定，t 検定，分散分析などが代表的な手法である。これらの手法の適用は処理するデータによって異なる。

各カテゴリのデータが回答数であるような質的変数の場合は **χ^2 検定**，1つの組，あるいは対応する2つの組に対して，売上高や利益のような連続値をとる量的変数の場合には **t 検定**を使用する。一方，3つ以上の組に対して，計数を同時に判定する場合には**分散分析**を使用する。

市場調査，世論調査，社会調査等においては，行動，意向，意識，意見，状況等の質的変数についての調査項目が大半である。質的変数の単純集計に対しては，χ^2 検定を用いた適合度検定を **4.5.2** 項で例示した。ここでは，クロス集計に対して，χ^2 検定を用いた**独立性の検定**を例に基づいて説明する。

いま，A 社が若者向け新商品のブランドの好みについて，年齢層ごとに相違するかを探るために調査した結果，次のようなクロス集計が得られたとする。

世代ごとのブランドの好み（人）

	好きだ	嫌いだ	どちらでもない	合計
10歳代	126	80	14	220人
20歳代	128	105	22	255人
30歳代	122	108	35	265人

世代ごとのブランドの好みの割合（%）

	好きだ	嫌いだ	どちらでもない	合計
10歳代	57%	36%	6%	100%
20歳代	50%	41%	9%	100%
30歳代	46%	41%	13%	100%

ブランドの好みについて，「好きだ」「嫌いだ」「どちらでもない」の世代ごとの割合を示す表から，読み手によっては好みの差異はそれほど大きくないと考えるかもしれない。データにもとづいて客観的に評価するため，統計的

に検証することとした。「ブランドの好みに世代の違いは関連がない」を帰無仮説として，次の**検定統計量**χ^2が自由度$4 (= 2 \times 2)$のχ^2分布に近似的に従うことから，仮説を検定できる。

$$\chi^2 = \sum\sum (O_{ij} - E_{ij})^2 / E_{ij}$$

ここで，自由度は（世代の階級数 -1）×（好みのカテゴリ数 -1），O_{ij} は標本における世代 i の好み j の観測度数，E_i は帰無仮説の下で，世代 i の好み j に対する期待度数（行和に対する割合 × 列和に対する割合 × 観測度数の合計）である。

χ^2統計量を求めると，$\chi^2 = 10.09$ となる。自由度4のχ^2分布表から5%有意水準のχ^2値は9.49であるので，「好みに世代の違いは関連がない」との帰無仮説は有意水準5%で棄却され，新商品のブランドに対して，世代間で好みは有意に相違するとの結論が導かれた。

------- **コラム ▶▶ Column** ------- ・・・・・・・・・・・・・・・・・・・・ ● コレスポンデンス分析

独立性の検定を行ったクロス集計表にコレスポンデンス分析を適用すると，集計表を視覚化してカテゴリ間の関係を記述的に考察できる。

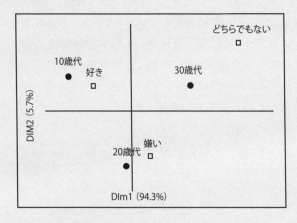

図4.12　コレスポンデンス分析の結果

第1次元（横軸）に沿って左側ほど若い世代が位置し，左側ほど当該ブランドを好む関係が分かる。10歳代がもっとも好むことは集計表からも読めるが，図的には「10歳代」と「好き」が近接していることに対応する。

カテゴリ間はχ^2距離として定義される。列カテゴリと行カテゴリ間の距離

は定義されないので，世代カテゴリと好みカテゴリの遠近の解釈は厳密ではないが，おおよその傾向を記述することが多い。このような図的表示は行要素と列要素の「同時布置図」という。この例は次元1の寄与率が94.3%であり1次元性の高い小さな表なので解釈は比較的容易だが，より大きく複雑なクロス集計表の解釈では一目瞭然ということは少ないので，コレスポンデンス分析の威力が発揮される。

　調査項目が量的変数の場合，調査結果の分析で用いられる**平均の差の検定**は，**t検定**や**分散分析**の手法を使用する。

　　例1：　A市とB市の単身者の外食費で違いがあるといえるか？
　　　　　　両市の外食費を調査して，「両市の外食費に差がない」との仮説に
　　　　　　対して ⇒ t検定
　　例2：　例1のケースにさらに1市を加えて調査して，市によって単身者の
　　　　　　外食費に違いがあるといえるか？「3市の外食費に差がない」との
　　　　　　仮説に対して ⇒ 分散分析

　t検定と分散分析については，『統計学の基礎～統計検定2級対応』（日本統計学会編）に詳しく解説されているので，同書を参照されたい。

（イ）仮説探索型のための統計的手法

　仮説探索型の分析は，事前に特定の仮説を持たずに，調査データを用いて仮説を新たに見出すことを目的としており，相関分析，主成分分析，因子分析，コレスポンデンス分析，判別分析，クラスター分析などが使い分けられている。

　相関分析は2つの量的変数の間の関係をみるために，相関係数を算出してその大きさで関係の度合いを捉える。相関係数が絶対値で1に近い値であるほど線形の関係が強いと判断する。ただし，2変数と関連が強い第3の変数が関与して相関係数が大きくなることには十分な注意が必要である。質的変数の関係の指標としては連関係数を，質的変数と量的変数の関係は相関比（分散比）を使って関連の強さを検討することができる。

　主成分分析は，いくつかの変数を組み合わせて，変数間の関連性から少数の指標（成分）にまとめる手法である。関連する多くの変数のデータから有効な情報を引き出すことは困難であるが，主成分分析を行うことにより，データの持つ情報をできる限り損なわずに，データ全体の特徴を抽出し，可

視化することができる。主成分得点と主成分負荷量から主成分の意味するものを解釈する。

コラム ▶▶ Column ・・・・・・・・・・・・・・・・・・・・・・・・・・・・ ● 主成分分析

　47都道府県の人口構成，所得，住宅費など6変数を標準化して主成分分析で集約した。固有値と固有ベクトルが出力される。固有値が大きい順に変換され，第2固有値までで77%に情報が集約された。ここで情報とは分散のことであり，6変数は標準化されているので分散合計は6である。固有値が1より大きければ，その成分は元の変数1個分以上の情報を持ち，情報の集約になっていると解釈できる。

　固有ベクトルは元の変数にかけて主成分得点を算出する重みである。固有値の平方根と固有ベクトルの各要素との積は，主成分負荷量ともよばれるが，主成分得点と元の変数との相関係数そのものであり，主成分の意味を解釈する際には分かりやすい指標である。

表4.7　固有値と寄与率

	固有値	累計割合
1	3.10	0.52
2	1.53	0.77
3	0.59	0.87
4	0.52	0.96
5	0.17	0.99
6	0.08	1.00

表4.8　固有ベクトル

固有ベクトル	1	2
外国人人口割合	0.401	0.513
65歳以上人口割合	−0.472	−0.126
単独／一般世帯比	0.449	−0.326
1人当たり県民所得	0.396	0.408
1住宅当たり延べ面積	−0.460	0.341
住居費・二人以上世帯	0.215	−0.575

資料：独立行政法人 統計センターのSSDSE-E-2022v2を加工して作成（https://www.nstac.go.jp/use/literacy/SSDSE/）

　因子分析は，主成分分析と同様にデータを要約するのに用いられる手法である。因子分析を行うことによって，複数の変数に影響を与える隠れた要素（共通因子）を探り出すことができる。因子分析は共通因子がデータの背後にあると仮定して，ある結果を起こすもととなる因子を探るアプローチであるのに対して，主成分分析はデータから主成分を見出すというアプローチである点で異なっている。また，因子に関する仮説がある場合を検証的因子分析といい，因子を探す場合を探索的因子分析という。伝統的な因子分析は探索的因子分析であり，1960年代以降に検証的な因子分析が提案された。

コラム ▶▶ Column ・・・・・・・・・・・・・・・・・・・・・・・・・・・・・・ ●因子分析

主成分分析と同じデータに因子分析を適用した。主成分分析で述べたように，解釈には負荷量が便利だが，因子は回転することでさらに解釈しやすくなる。主成分分析では成分の回転をしない。

因子1は県民所得が高く外国人も集まり高齢者は少ない。因子2は狭い住宅

表 **4.9** 因子負荷行列

因子負荷ベクトル	Factor1	Factor2
外国人人口割合	**0.981**	−0.141
1人当たり県民所得	**0.870**	−0.033
65歳以上人口割合	**−0.676**	−0.348
住居費・二人以上世帯	−0.327	**0.839**
単独／一般世帯比	0.195	**0.811**
1住宅当たり延べ面積	−0.192	**−0.838**

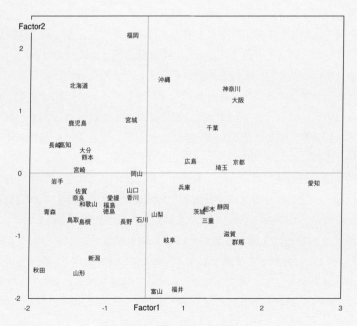

図 **4.13** 因子得点による散布図

に高い家賃で単独世帯が多い。どちらも都市性を反映している。主成分分析における固有ベクトルにならって因子負荷ベクトルと表記したが，複数のベクトルを1つの表として示す場合は因子負荷行列と記すことも多い。

　因子分析は主成分分析と異なり共通性の推定方法が複数あり，回転方法も無数にある。ここでは主成分法の解を，斜交回転（プロマックス法）した。このような因子分析は探索的因子分析とよばれ，主成分分析のように因子得点で47都道府県を可視化して，特徴を解釈できる。

　コラムの散布図の中に東京都がないが，原点と神奈川・大阪・千葉の付近を結んだ第1象限の先にある。東京都は2因子とも3以上で外れ値となり，グラフを見やすくするために除外した。

　コレスポンデンス分析は，クロス集計表を視覚的に表現できる手法であり，質的変数に対する主成分分析あるいは因子分析に対応する。コレスポンデンス分析を行うことによって，傾向の近い項目を近くに配置した分かりやすい図が作成される。そこから類似性が高いカテゴリを探ることができる。

　日本語の訳語として対応分析とも表記される。また，日本で独自に開発された，数理的には同じ分析手法があり，数量化3類とよばれている。

　判別分析は，いくつかの量的変数のデータから質的変数の分類を判別する手法である。判別する基準に従って新たな対象をグループに区分するために用いられるだけでなく，マーケティング等でグループに分ける基準となる要因やその影響度について活用している。たとえば，顧客満足度調査の結果から満足と不満のグループの特性，区分する原因を知る等である。

　説明変数も質的変数の場合は，数量化2類とよばれる手法が開発されている。同様に，質的変数の重回帰分析として数量化1類がある。これら質的変数の数量化法（1類〜3類）はいずれも林知己夫氏が戦後に開発した。

　クラスター分析は，異なる特性を持つ対象を類似の対象同士のグループ（クラスター）に分類する手法であり，各対象間の非類似度（距離）をもとにクラスターを形成する。判別分析においては，各対象がどのグループに属するかについての情報が所与であったのに対して，クラスター分析はこのような情報なしで対象を分類していく。特にマーケティングにおいて，ターゲットに的確にアプローチするためのセグメンテーションを行う目的でよく用い

られる。

　上記の一連の統計的手法は多変量解析ともよばれ，『**統計学～統計検定1級対応**』（日本統計学会編）に詳しく解説されているので参照されたい。

コラム ▶▶ Column ・・・・・・・・・・・・・・・・・・・・・・・・・・・・● クラスター分析

　主成分分析と同じデータにクラスター分析を適用した結果を示す。クラスター分析のアルゴリズムがいくつも提案されており，どの手法を使うかによって分類結果も異なる。ここではよく使われるウォード法を用いた。この図はデンドログラムとよばれ，都道府県のクラスターを階層的に検討できる。ここでも東京が外れ値であることが分かり，因子分析と似た結果となっている。

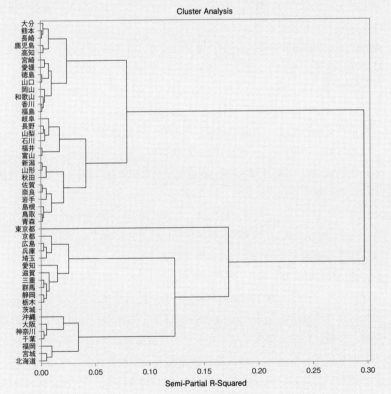

図**4.14**　クラスター分析（ウォード法）のデンドログラム

4.5.5　有用な活用に向けた留意点

　調査結果を国内外の他の類似の統計調査の結果や既存の結果と比較することによって，より客観的に評価することが可能となり，信頼性を高める。

　国の重要な統計と位置づけられる**基幹統計**は，2023 年 1 月 31 日現在で 53 統計が作成されている。基幹統計が統計調査から作成される場合，調査の対象数は多く，調査事項も詳細なものが大半である。また，各種の統計情報等から加工・推計して作成される場合，その結果は詳細である。国の基幹統計以外の一般統計は基幹統計よりもはるかに多く，適切な設計にもとづいた統計調査や行政記録情報によっており，その精度は高い。これらの**公的統計**は国の実態を捉えるために体系的に整備されており，世帯，個人，企業，事業所等を対象とする調査の領域は広範囲である。

　調査結果を公的統計の結果と対比することを通して，調査設計の妥当性，結果の適切さを評価できることに加えて，より充実した分析結果を提示できる。そのためには，調査の設計や対象の選定において，公的統計が採用している区分や分類に十分配慮しておくことが必要である。

- i) 世帯については，世帯の定義，ならびに単独世帯，2 人以上の普通世帯等の一般世帯，寄宿舎，病院，社会施設等の準世帯の区分
- ii) 住居については，行政区域（都道府県・市区町村），国土を緯線と経線により網の目状に区切った標準地域メッシュ等の地域区分
- iii) 個人については，未婚，有配偶，死別，離別の配偶関係
- iv) 企業活動における事業内容については，日本標準産業分類
- v) 仕事の種類については，日本標準職業分類
- vi) 商品については，HS（商品の名称及び分類についての統一システム）

　上記の中で，近年急速に利便性が向上して，活用が進んだのが地域区分の情報を有する**地理情報システム（GIS）**である。GIS は，地理的位置を手がかりに，位置に関する情報を持ったデータ（空間データ）を総合的に管理・加工し，視覚的に表示し，高度な分析や迅速な判断を可能にする技術をいう。総務省統計局の政府統計総合窓口の**統計 GIS** は膨大な公的統計の結果と地理情報システムを組み合わせて公開している。国勢調査や経済センサスでは，11 桁の KEY_CODE で表示される小地域（町丁目レベル）ごとの統計情報を公表しており，民間調査機関や研究所ではこれらの統計情報を自社

表4.10　統計基準

日本標準産業分類
大分類項目
A　農業，林業
B　漁業
C　鉱業，採石業，砂利採取業
D　建設業
E　製造業
F　電気・ガス・熱供給・水道業
G　情報通信業
H　運輸業，郵便業
I　卸売業，小売業
J　金融業，保険業
K　不動産業，物品賃貸業
L　学術研究，専門・技術サービス業
M　宿泊業，飲食サービス業
N　生活関連サービス業，娯楽業
O　教育，学習支援業
P　医療，福祉
Q　複合サービス事業
R　サービス業（他に分類されないもの）
S　公務（他に分類されるものを除く）
T　分類不能の産

日本標準職業分類
大分類項目
A　管理的職業従事者
B　専門的・技術的職業従事者
C　事務従事者
D　販売従事者
E　サービス職業従事者
F　保安職業従事者
G　農林漁業従事者
H　生産工程従事者
I　輸送・機械運転従事者
J　建設・採掘従事者
K　運搬・清掃・包装等従事者
L　分類不能の職業

の調査結果と組み合わせて，出店計画や商圏の分析等の地域的特性を踏まえた分析結果に活用している。

　また，統計を相互に比較できるように，公的統計の作成について統計基準が設定されている。**日本標準産業分類**と**日本標準職業分類**は統計基準として，統計調査の実施や統計の作成において，これら分類に従うことが義務付けられている。さらに，日本標準産業分類における産業の定義は，各種の法令で使用されている。日本標準産業分類は，大分類20，中分類99，小分類530，再分類1460，日本標準職業分類は大分類12，中分類74，小分類329という階層的な構造になっている。統計ごとに分類の表章レベルは区々であるが，少なくとも下記の大分類レベルでは表章されている。したがって，調査にあたって，事業内容や仕事の種類に関連する項目が含まれる場合は，産業や職業に関する標準分類の定義と範囲に適合させることが重要である。

専門統計調査士の出題範囲

●試験内容
 ■調査の企画
 ■調査の方法
 ■標本の抽出と推定
 ■調査データの利活用
について出題します。詳しくは，以下の「参照基準項目表」を参照下さい。

専門統計調査士参照基準項目表

大項目	中項目	小項目		
1 調査の企画	(1) 調査の種類と目的	① 統計調査	② 社会調査	③ 市場調査
		④ 世論調査		
	(2) 調査の設計	① 調査目的	② 調査対象	③ 調査事項
		④ 調査方法 (全数調査，標本調査)		⑤ 調査地域
		⑥ 調査期日		
	(3) 調査の実施計画	① 母集団名簿	② 調査関係書類	③ 調査員の確保
		④ 調査票の配布・回収	⑤ 未回答に対する督促	⑥ 調査票の点検・疑義照会
		⑦ 謝礼		
	(4) 調査票の作成	① 設計の手順	② 調査項目の設定	③ 質問文と回答選択肢
		④ 調査票の構成とデザイン	⑤ プリテスト	
		⑥ 付属資料（依頼状，礼状，調査の手引き）		
	(5) 実施・運営と費用の積算	① 調査受託の手続き	② 実施に向けた準備作業	③ 調査実施の管理
		④ 調査データの整理	⑤ 業務の外部委託	⑥ 費用の積算
	(6) 調査の品質と業務の管理	① 統計法と個人情報保護法	② 第三者認証制度	③ 業務管理と監査
2 調査の方法	(1) 調査とデータの性質	① 実験と調査	② 量的調査と質的調査	
	(2) 訪問調査	① 長所と短所	② 標本抽出法	③ 進捗管理
		④ 協力依頼	⑤ 調査員教育	⑥ 調査用品
		⑦ 回収率向上策		
	(3) 郵送調査	① 長所と短所	② 標本抽出法	③ 調査用品と発送準備
		④ 回収・督促・疑義照会		
	(4) 電話調査	① 長所と短所	② 標本抽出法	③ 電話番号の抽出手順
		④ 抽出確率の調整	⑤ 実査の進管理	⑥ オペレーター教育
	(5) インターネット調査	① 長所と短所	② 標本抽出法	③ 実査管理
		④ 情報セキュリティー	⑤ 回答データの品質管理	
	(6) 装置型調査	① 長所と短所		
		② 装置型調査の種類（テレビ視聴差率調査，購買パネル調査，コネクテッド TV，サイトアクセス解析，POS データ）		
		③ 装置型調査の課題		
	(7) 定点調査・パネル調査	① 定点調査の特徴と課題	② パネル調査の特徴と課題	

大項目	中項目	小項目		
3 標本の抽出と推定	(1) 標本抽出法の基礎	① 母集団と標本　　② 全数調査と標本調査　　③ 推定と誤差　　④ 標本誤差と非標本誤差　　⑤ 確率抽出法と非確率抽出法		
	(2) 単純無作為抽出	① 復元抽出と非復元抽出　　② 単純無作為抽出　　③ 包含確率		
	(3) 母数の推定	① 母数と統計量　　② 推定量と推定値　　③ 抽出ウェイト　　④ 標本分布と不偏推定量　　⑤ 母平均・母比率の推定		
	(4) 標準誤差の推定	① 不偏推定量の分散・標準偏差　　② 不偏推定量の分散の不偏推定量　　③ 標本の大きさの決定		
	(5) 無回答への対応	① 影響と対応　　② 補完　　③ ウェイト調整		
	(6) さまざまな標本抽出方法	① 系統抽出法（等間隔抽出法）　　② 層化抽出法　　③ 規模比例確率抽出法　　④ 多段抽出法　　⑤ 集落抽出法		
4 調査データの利活用	(1) 変数とその分類	① 質的変数と量的変数　　② 時系列データと横断面データ		
	(2) グラフ表現	① 度数分布　　② ヒストグラムと幹葉表示　　③ 箱ひげ図		
	(3) 分布と分位点	① 四分位，分位点　　② 外れ値		
	(4) 位置の指標	① 平均値　　② 中央値　　③ 最頻値		
	(5) ちらばりの指標	① 分散と標準偏差　　② 範囲，変動係数		
	(6) 1次式による変換	① 標準化　　② 積率		
	(7) 相関	① 散布図　　② 共分散と相関係数　　③ 非線形変換		
	(8) 回帰	① 単回帰　　② 重回帰　　③ 共線性と変数選択		
	(9) データの評価と解釈	① 信頼区間　　② 仮説検定　　③ 分割表の適合度検定　　④ 独立性の検定		
	(10) 調査結果のまとめ	① 単純集計とクロス集計　　② 自由記述の処理		
	(11) 仮説探索型の分析	① 相関分析　　② 主成分分析　　③ 因子分析　　④ コレスポンデンス分析　　⑤ 判別分析　　⑥ クラスター分析		

CBT 模擬問題

統計検定 専門統計調査士　試験概要

　「統計検定 専門統計調査士」は，コンピュータ上で実施する CBT（Computer Based Testing）方式の試験です。株式会社オデッセイ コミュニケーションズが試験実施運営の委託を受けて実施しています。試験は，オデッセイ コミュニケーションズと提携している全国の試験会場で受験できます。

　CBT 方式による「統計検定 専門統計調査士」では，パソコンのディスプレイに問題が表示されます。ディスプレイには問題が1問ずつ表示され，マウスで選択肢を選ぶ操作やキーボードで数字を入力する操作など，簡単な操作で解答します。

　次ページからの模擬問題は，CBT 方式で「統計検定 専門統計調査士」の試験を受験する際に，解答操作に戸惑うことがないよう，CBT の試験画面に似せた形で構成されています。本試験の画面構成に慣れるためにも，繰り返し学習されることをお勧めします。

統計検定 専門統計調査士の試験概要

問題数	40 問
出題形式	5 肢選択問題
試験時間	90 分
合格基準	100 点満点で，65 点以上
受験料	一般価格 10,000 円（税込）
	学割価格 8,000 円（税込）

受験の流れ

　試験に関する詳細および，お申込みから受験までの流れについては，オデッセイ コミュニケーションズの Web ページをご参照ください。

　オデッセイコミュニケーションズ（Odyssey CBT サイト 統計検定ページ）
https://cbt.odyssey-com.co.jp/toukei-kentei.html

統計検定　専門統計調査士

表示サイズ	100%▼

1問目/全40問　　　　　　　　　　　　　　　　□あとで見直す

政府統計の総合窓口（e-Stat）に収録されている平成30年賃金構造基本統計調査の「調査の概要」（2019年6月21日公開）から，問題用に次のように「調査方法」を抜粋・要約した。調査方法に関連する実態や現状に関する説明として，適切でないものを，下の①〜⑤のうちから一つ選びなさい。

> 調査対象事業所が配布された調査票に記入することにより実施。調査票の配布・回収は，原則として，郵送により行う。ただし，一部の調査対象事業所については，都道府県労働局又は労働基準監督署の職員又は統計調査員が調査対象事業所を直接訪問し，調査票の配布及び回収を行う。
> ※ 調査計画では，調査員調査としているが，実際はほとんどが郵送調査により実施していたことが判明したため，実態に合わせて記載。

○	①	賃金構造基本統計調査の訪問調査と郵送調査の比較では，近年（過去10年程度）の調査環境と調査予算のもとで，訪問調査から郵送調査に変更しても全体の回収率は低下していない。
○	②	賃金構造基本統計調査の回収率について，「製造業よりサービス業の方が低い」という特徴は，訪問調査では認められるが，郵送調査ではそのような違いは生じていない。
○	③	労働局や労働基準監督署の職員が訪問して回収する場合と，統計調査員が訪問して回収する場合では，調査対象事務所に対して異なる調査状況を生じさせる可能性がある。
○	④	訪問調査と郵送調査のいずれにおいても，調査事項への未記入は発生しうるので，訪問調査では統計調査員が回収時に調査票を検査し，郵送調査では回収後に疑義照会を行うことが求められる。
○	⑤	訪問調査から郵送調査に調査方法を変更した場合，調査方法以外の仕様（調査規模など）が同じであれば，配布・回収の業務に必要とされる人員は一般に増えない。

前へ　　　　　次へ

統計検定　専門統計調査士

表示サイズ	100%▼

2問目/全40問　　　　　　　　　　　　　　　　□あとで見直す

政府統計の総合窓口(e-Stat)に収録されている平成30年賃金構造基本統計調査の「調査の概要」(2019年6月21日公開)から,問題用に次のように「調査の範囲」を抜粋・要約した。調査の対象・範囲に関連する実態や現状に関する説明として,適切でないものを,下の①〜⑤のうちから一つ選びなさい。

ア　地域
　日本国全域。ただし,島嶼部など一部の地域を除く。
イ　産業
　日本標準産業分類に基づく次の産業である。
　(ア)〜(コ)…省略
　(サ)宿泊業,飲食サービス業(ただし,飲食店のうち,バー,キャバレー,ナイトクラブを除く。(※))
　(シ)〜(タ)…省略
　(※)調査計画では,バー,キャバレー,ナイトクラブを除くこととはしていないが,実際は調査の範囲から除いていたことが判明したため,実態に合わせて記載。

○	①	標本調査を調査員調査で実施する場合,訪問・回収コスト等も考慮して,島嶼部を調査範囲から除外することが多い。
○	②	島嶼部を調査対象に含めた場合と,除外した場合の調査結果を比較した場合,標準誤差率などの精度が,ほぼ変わらないと想定されるのは,島嶼部に存在する調査対象事業所が少ないためである。
○	③	「バー,キャバレー,ナイトクラブ」の回収率が相対的に低いのは,統計調査員が稼働する昼間に営業しておらず,また,調査に回答できる経営者等の不在が多い等,適切な調査対象者と対面できる機会が少ないことも要因であると想定される。
○	④	その他の実施仕様(督促などの回数・予算等)は変えずに,調査員調査から郵送調査に変更し,「バー,キャバレー,ナイトクラブ」も対象に含めた場合,「バー,キャバレー,ナイトクラブ」の回収率は,調査員調査の回収率よりも低下すると想定される。
○	⑤	「宿泊業,飲食サービス業」(従業員規模10人以上事業所)の常用雇用者数に占める「バー,キャバレー,ナイトクラブ」の割合は5％未満で,統計数値に与える影響は小さいと想定されるが,影響を検証することなく調査範囲から除外したことを公表しないことは統計への信頼を低下させる。

前へ　　　　　　　　次へ

統計検定　専門統計調査士

表示サイズ	100%▼

3問目/全40問	□あとで見直す

訪問面接法による意識調査を，有権者全体から 2,000 人の対象者を確率抽出して実施する。用意した調査票の質問内容が理解されるか，あるいは面接時に困難が生じないか等を確認するために，本調査の前にプリテストを実施したい。日本における伝統的なプリテストの実施法に関する説明として，適切でないものを，次の①～⑤のうちから一つ選びなさい。

○	①	予算制約等で対象者数が数十人程度になっても，実施する効果は期待できる。
○	②	対象者には，性別では男女を含め，年齢も若者から高齢者まで含める。
○	③	本調査で計画している調査事項・分野に詳しい専門家を対象者とする。
○	④	本調査で予定している調査方法と同じ面接法で実施する。
○	⑤	問題を認識したときに調査票を修正した後に，あらためて確認する手順をとる。修正された問題の適切さを確認するために，別の対象者に対して再度実施することが望ましい。

統計検定　専門統計調査士

表示サイズ	100%▼

国が全国の事業所・企業を調査対象とする大規模調査の調査実施から調査データ作成までの業務を民間に委託した。調査方法については，調査票の配布は郵送で，回答はインターネットまたは郵送によると定められ，全数回収を目標として業務契約期間は1年間であった。業務を受託した民間調査機関の実施計画として，適切でないものを，次の①〜⑤のうちから一つ選びなさい。

○	①	確実に計画を実施するために，業務全体の工程を作業内容と管理上の適切と判断される大きさで分割し，全体の統括責任者の下に業務単位の責任者を定めて，業務別の作業内容と作業量から必要な従事者数を配分する。
○	②	業務の費用を低減するために，調査票の郵送について，郵送先を地域別・郵送重量別に区分けしてまとめ，運送事業者の割引サービスを適用できる仕組みを使って発送する。
○	③	作業を効率化するために，調査票の印刷，データ入力，コールセンター業務について，それぞれの業務を専業とする会社に再委託し，指示した業務の進捗と品質の管理をする。
○	④	報告（調査対象）者の負担軽減に資するために，提出の遅れている一部の報告者に対しては，訪問する了承を得たうえで，調査員を出向かせて，調査票を直接回収する方法も併用する。
○	⑤	回収率を向上させるために，報告者に示している提出期日を過ぎた後も，業務契約期間内であれば未提出者に督促し，期日後に提出された調査票も有効回収票として，提出期日までに提出された調査票に追加する。

統計検定　専門統計調査士

表示サイズ	100%▼

継続的に実施される統計調査を適切に実施することや，その結果から作成される統計の品質を維持・向上するための，主に工程管理やリスク管理に関する取組みとして，適切でないものを，次の①〜⑤のうちから一つ選びなさい。

○　①　紙の調査票とインターネットを利用した調査方式が併用されている調査においては，すべての調査票を同一の形態で一定期間は保存しておくため，オンラインで回収したデータは，いったん紙に印刷して，調査担当者が調査事項の論理チェック等を行う。

○　②　業務マニュアルの整備は，特に継続的な調査であれば，利用者の意見も参考に定期的に見直す。調査仕様の変更があれば改訂することに加えて，経験の浅い担当者のためにチェックリスト方式の活用も検討する。

○　③　調査を実施する組織の責任者は，調査の企画設計（調査票の作成・調査方法・標本抽出）段階だけでなく，調査実施のプロセスにも常に関与し，計画の施行状況を可視化して確認する。

○　④　業務の実施においては，専門性の高い人材を配置する。調査の規模に応じて必要と算出した員数が，事前の計画とは相違してきた場合は，計画を修正することの是非を早期に判断し，必要なら，調査目標を達成するように最適化する。

○　⑤　調査実施後にも，計画の遂行状況，回収・回答状況，運営上の課題を評価・点検する。また，改めて誤り等の有無を確認し，問題があったなら修正したうえで，責任の所在を明確にして記録を残す。

前へ　　　　　　次へ

統計検定　専門統計調査士

表示サイズ	100%▼

6問目/全40問	□あとで見直す

調査票を用いる調査で，調査票を設計するに当たって，考慮すべきこととして，適切でないものを，次の①〜⑤のうちから一つ選びなさい。

○	①	性別や年齢等の属性項目は，対象者本人の確認のため，訪問面接調査や電話調査では，調査票の冒頭で確認するが，郵送調査やウェブ調査では，調査票の最後に置くのがよい。
○	②	質問項目の全体の配置順序は，先頭から順に自然に回答できるように配置すると回答者の負担が少ないが，調査目的によっては，調査者の意図が推察されないように配置する部分があってよい。
○	③	質問項目の冒頭の部分では，回答者にとってあまり考えこまなくても容易に回答できるような内容の質問を置くとよい。
○	④	郵送調査など調査票を用いる調査では，スクリーニング質問によって次に回答すべき項目に分岐させることは，回答者にとって負担になるので，できるだけ避けるのがよい。
○	⑤	質問項目の順序が回答に影響することが危惧される場合，回答者ごとに順序をランダム化する，順序を異にする複数の様式で調査票を作成する，途中に別の質問を挟む等，調査内容に応じた対策を講じるとよい。

前へ　　　　次へ

統計検定　専門統計調査士

表示サイズ	100%▼

7問目/全40問　　　　　　　　　　　　　□あとで見直す

調査票作成にあたって，一般的に注意すべき点として，適切でないものを，次の①〜⑤のうちから一つ選びなさい。

○	①	回答者は多様な立場・状況の人々で構成されるので，質問内容によって失礼になったり，感情を損ねたりするような表現にならないように吟味する。
○	②	回答者の背景によって質問の文章や使われる単語などが，誤解されたり異なる解釈をされたりすることがないような質問文にする。
○	③	どのような回答者にも理解できるように，冗長になったとしても平易な言葉を使った質問文にする。
○	④	一つの質問項目の文章，あるいは一つの回答選択肢において，二つ以上の事柄（質問事項・論点）を含めないようにする。
○	⑤	社会的に固定した価値観やイメージを伴う「ステレオタイプ」といわれる単語・表現を使わないようにする。

前へ　　　　　　次へ

統計検定　専門統計調査士

表示サイズ	100%▼

8問目/全40問	□あとで見直す

全国規模の社会調査を1,000人の成人を調査対象として郵送法で実施するに際して，紙の調査票の発送や回収の手続きの説明として，適切でないものを，次の①～⑤のうちから一つ選びなさい。

○	①	調査票を郵送するとき，調査依頼状，返信用封筒，場合によっては参考資料（回答の記入の仕方なども含む）を同封する。
○	②	返信用封筒は，調査票を入れやすい大きさにして，切手は記念切手を貼って，気配りをする。
○	③	調査票の表紙には，調査実施者の連絡先（電話番号やメールアドレス）を明記し，回答者からの問い合わせなどに対応できるようにする。
○	④	調査依頼状には調査目的のほか，なぜ調査対象者として自分が選ばれたのかを説明し，また，回答結果がどのように使われるのかを具体的に示して，回答者が不審に感じないよう配慮する。
○	⑤	回答期限に近くなったら全員に督促状を送付し，すでに返送された回答者に対しては礼状を兼ねた内容の文章とする。

前へ　　　　次へ

統計検定　専門統計調査士

表示サイズ	100%▼

9問目/全40問　　　　　　　　　　　　　　□あとで見直す

人口50万人規模の市で，住民の災害に対する備えの実態を把握するために，2020年10月1日現在の20歳から89歳までの個人に対し，調査員を訪問させて標本調査を実施する。調査対象者は，2020年8月1日現在の住民基本台帳から，男女・年齢10歳階級別人口で比例割当して2,000人を層化抽出し，調査結果を男女・年齢10歳階級別に集計する。この調査に関する説明として，適切でないものを，次の①～⑤のうちから一つ選びなさい。

○	①	標本抽出枠は，2020年8月1日現在の住民基本台帳である。
○	②	目標母集団は，2020年10月1日現在で当該市に在住の20歳から89歳までの個人である。
○	③	2020年8月2日から9月30日までに当該市から転出した調査対象者には，転出先に調査票を郵送して調査を実施する。
○	④	2020年8月2日から9月30日までに当該市に転入した，10月1日時点で当該市に在住の20歳から89歳までの個人は，目標母集団に対する非標本誤差となる。
○	⑤	回答者数が1,200人だった場合，非回答（800人）は，標本からの推定における非標本誤差となる。

前へ　　　　　　次へ

統計検定　専門統計調査士

表示サイズ	100%▼

A市は市内在住の15歳以上の個人を対象に，生活環境に関する標本調査を計画している。A市の人口は8万人で，15歳以上は7万人である。A市には48の町があり，町別の15歳以上人口は最小が150人，最大が12,000人である。調査予算を考慮して200人を調査対象とする標本設計を考えた。まず，15歳以上人口に比例した確率で10の町を抽出する。次に，抽出した各町で，それぞれ20人を抽出し，全体で200人の調査対象者とする。このような標本抽出法は何と呼ばれるか。最も適切なものを，次の①～⑤のうちから一つ選びなさい。

○ ① 集落抽出法

○ ② 層化抽出法

○ ③ 割当抽出法

○ ④ 多相抽出法

○ ⑤ 多段抽出法

統計検定　専門統計調査士

表示サイズ	100%▼

11問目/全40問　　　　　　　　　　　　　□あとで見直す

ある大都市で，18歳以上の個人を対象として，確率抽出による標本調査の企画を検討している。調査設計に関する記述として，適切でないものを，次の①〜⑤のうちから一つ選びなさい。

○　①　調査協力を拒否される比率は事前には正確には分からないため，すべての回答が得られることを仮定して計画標本の大きさを設計する。

○　②　町丁目を「集落」として集落抽出法を適用したとき，集落を層化せずに抽出し，抽出された集落内の個人を調査した場合，推定量に偏りが生じることがある。

○　③　標本の大きさが同じであるとき，個人を単純無作為抽出した場合よりも，母集団を層化しない二段抽出法で個人を抽出した場合の方が，推定量の標準誤差は一般的に大きくなる。

○　④　層化抽出法を適用したとき，標本を各層の大きさに比例した大きさで配分した場合，個人の包含確率は等しくなる。

○　⑤　町丁目を第一次抽出単位（地点）として，最初に地点を等確率で抽出する。次にその地点から第二次抽出単位（個人）を無作為抽出するとき，地点の大きさに比例した大きさで個人を無作為抽出すると，個人の包含確率は等しくなる。

統計検定　専門統計調査士

表示サイズ	100%▼

12問目/全40問　　　　　　　　　　　　　□あとで見直す

母集団の要素を記述した名簿（住民基本台帳や選挙人名簿）を閲覧できない市場調査で，調査員の訪問により世帯の消費動向を調査するために，現地（調査地点）で世帯を確率抽出するエリアサンプリングを代替手段として計画している。最初に調査地点を抽出し，次に現地で世帯抽出をする。この標本設計に関する説明として，適切でないものを，次の①～⑤のうちから一つ選びなさい。

○	①	調査地点を大きさ（世帯数）に比例させて抽出する方法として，住民基本台帳を閲覧せずに，世帯数の地域別統計を利用して抽出する。
○	②	住民基本台帳と国勢調査の世帯数は一致しないことが知られているが，寮や社会施設の入居者を個別に調査対象にしたい場合は，国勢調査の世帯数を利用する。
○	③	調査地点の世帯リストを作成する現実的手段として，現地を歩いて建物を観察する方法と，地図会社の住宅地図データベースの情報を併用する。
○	④	調査地点で世帯を確率的に抽出するために，世帯のリストを入手または作成する。
○	⑤	調査地点で現地確認した世帯数は，住宅地図データベースの世帯数と一致しないことが想定されるが，外観から判断して記録するという手法は同じである。

前へ　　　　　次へ

統計検定　専門統計調査士

表示サイズ	100%▼

13 問目/全 40 問	□あとで見直す

人口 80 万の A 市において，市立大学新設に関する賛否の状況を調べるために，住民基本台帳から単純無作為抽出した 18 歳以上の個人を対象に調査を実施することにする。有効回収率を 100％と想定する場合，A 市に在住する 18 歳以上の個人全員における賛成者の割合（％）に関する信頼係数 95％の信頼区間の幅が 3％ポイント（±1.5％ポイントの範囲）以下となるように標本の大きさを設定したい。賛成者の割合について確からしい情報がないとすると，必要とされる最小の調査対象者数は何人か。最も近い値を，次の①〜⑤のうちから一つ選びなさい。

○	①	1,100 人
○	②	1,900 人
○	③	2,700 人
○	④	3,500 人
○	⑤	4,300 人

前へ　　　次へ

統計検定　専門統計調査士

| 表示サイズ | 100%▼ |

14 問目／全 40 問　　　　　　　　　　　　　□あとで見直す

18 歳以上人口が 10 万人の B 市において，市立病院の立て替えに関する賛否の状況を調べるために，市の全域を甲，乙の 2 地域に区分し，地域ごとに住民基本台帳から確率抽出した 18 歳以上の市民を対象として調査を行った。その結果，次の表のようなデータが得られた。ただし，有効回収率 100% で無回答はないものとする。このデータから，B 市の 18 歳以上人口に占める市立病院の立て替えに賛成する人の割合の不偏推定を行い，信頼係数 95% の信頼区間を計算する。市民全体における賛成者の割合の信頼係数 95% の信頼区間として，最も適切なものを，下の①〜⑤のうちから一つ選びなさい。

地域	甲	乙	合計
地域の 18 歳以上人口（人）	70,000	30,000	100,000
調査対象者数（人）	600	400	1,000
うち賛成と答えた人の数（人）	510	220	730

○　①　0.67 − 0.73

○　②　0.70 − 0.76

○　③　0.71 − 0.75

○　④　0.72 − 0.79

○　⑤　0.74 − 0.78

前へ　　　　　次へ

統計検定　専門統計調査士

表示サイズ	100%▼

15 問目/全 40 問　　　　　　　　　　　　　　　□あとで見直す

全国規模の社会調査における非回答（調査対象者からの拒否などによる調査不能）や無回答（回収した調査票の一部項目に回答されていない欠測）に関する記述について，適切でないものを，次の①〜⑤のうちから一つ選びなさい。

○	①	無回答の調査項目を，回答のあった個体の平均で補完した場合，補完後に計算した平均と，補完前に無回答の個体を除いて計算した平均は等しい。
○	②	無回答の調査項目の補完において，その調査項目について回答があった標本と無回答だった標本のいずれにおいても回答があった調査項目と無回答だった調査項目の関連の度合いが高ければ，この調査項目で層化して層内平均で補完することで，推定精度が向上することが多い。
○	③	非回答や無回答の調査対象に対して再度調査を実施して，回答を得ることができれば，非標本誤差を減少させることができる。
○	④	無回答の発生が完全にランダムである場合，無回答の調査項目を除いて分析しても，それによって推定量の偏りや，推定精度の低下は生じない。
○	⑤	無回答の調査項目を補完する場合，あとの分析のさまざまな場面で，補完の有無で結果を比較したい場合もあるので，補完した調査項目に識別フラグをつけておく。

統計検定　専門統計調査士

表示サイズ	100%▼

16問目/全40問 □あとで見直す

市場調査においては「最近の若者の消費行動」や「独身女性の消費意識」など，従来の認識を修正すべきかも知れないと考えられる現象が持ち上がると，そこに関連した商品・サービスを開発している企業が，消費者の特徴をいち早く探るために，探索的に調査を実施することがある。このような調査の進め方に関する説明として，適切でないものを，次の①～⑤のうちから一つ選びなさい。

○	①	統計的手法による量的調査の方法を最初から適用せずに質的調査から始めてもよい。
○	②	調査を実施する前に，消費者の特徴に関する特定の仮説を用意する必要はない。
○	③	消費者の声よりも，まずは権威のある専門家の学説を重視して仮説を探索する方法が望ましい。
○	④	消費者に関する母集団情報から調査対象者を無作為抽出する必要はない。
○	⑤	得られた調査データは平均値や割合ではなく，回答者の発言内容などの分析も有効である。

前へ　　　次へ

統計検定　専門統計調査士

表示サイズ	100%▼

17問目/全40問　　　　　　　　　　　　　　□あとで見直す

住民基本台帳から個人を二段無作為抽出した調査対象者を訪問する社会調査では，通常，調査地点ごとにそれぞれ訪問調査員を用意する。このような訪問調査における調査員の一般的な役割の説明として，適切でないものを，次の①～⑤のうちから一つ選びなさい。

○	①	住所と地図をもとに，調査対象者の住居を現地で探す（調査対象者名簿は調査企画者や調査管理者が用意する）。
○	②	調査対象者に調査の趣旨を説明し，協力の可否を確認する（依頼状などの調査関連用品は調査企画者や調査管理者が用意する）。
○	③	回収不能と判断した調査票について，その判断理由を記録する（判断が適切かどうかは，調査企画者や調査管理者が判断する）。
○	④	回収不能となった調査票について，調査対象者と基本的な属性が同じである対象者を見つけ出す（代替の可否は調査企画者や調査管理者が判断する）。
○	⑤	協力してくれた調査対象者に対して，定められた謝礼を手渡す（謝礼が適切に渡されたかどうかは，調査企画者や調査管理者が確認する）。

前へ　　　　　　　次へ

統計検定　専門統計調査士

表示サイズ	100%▼

18問目/全40問　　　　　　　　　　　　　　　　　　□あとで見直す

人口50万人程度の市で，成人市民を対象にした1,000人規模の生活実態調査を企画する。この標本調査を訪問留置調査で実施する場合，他の調査方法と比べてメリットとデメリットがある。他の調査方法と対比して，訪問留置調査の調査方法に関する一般的な特徴として，適切でないものを，次の①～⑤のうちから一つ選びなさい。

○	①	調査員が調査対象者と顔を合わせるので，調査の目的や回答の仕方について，郵送調査よりも説明を理解してもらいやすい。
○	②	調査員が調査資料を持って調査地域を移動するので，電話調査よりも個人情報の紛失防止に注意が必要になる。
○	③	調査対象者への訪問日時を繰り返し調整しないといけないので，調査票配布から回収までの実査期間が，郵送調査よりも長くなる。
○	④	質問文や回答選択肢を調査対象者が目で見て確認できるので，電話調査よりも複雑な質問に答えてもらうことができる。
○	⑤	調査対象者に調査票を手渡して，後日回収できるので，調査対象者の数日間の行動を調べるような調査に，郵送調査や電話調査よりも適している。

前へ　　　　　　　　次へ

統計検定　専門統計調査士

表示サイズ	100%▼

19問目/全40問	□あとで見直す

訪問面接調査における調査票の質問文の作り方についての説明として，適切でないものを，次の①〜⑤のうちから一つ選びなさい。

○	①	漢字を見ないと意味が伝わりにくい言葉を質問文に使うことは，避けるべきである。
○	②	調査対象者に質問文の一部を強調して伝えるために，アンダーラインや網掛けを用いることは，避けるべきである。
○	③	難しい言葉の後ろに，調査対象者が参照する例示を括弧書きで挿入するような質問文は，避けるべきである。
○	④	質問文とは別に，調査員だけが見るような注釈を付けることは，避けるべきである。
○	⑤	調査対象者の理解に紛れが生じないように，質問文で二重否定文を使うことは，避けるべきである。

前へ	次へ

統計検定　専門統計調査士

表示サイズ	100%▼

20問目/全40問	□あとで見直す

訪問面接調査と訪問留置調査の共通点と相違点に関する説明として，適切でないものを，次の①〜⑤のうちから一つ選びなさい。

○	①	いずれも調査員が対象者を訪問するが，訪問面接調査では調査員が回答に立ち会い，訪問留置調査では調査員は回答に立ち会わない。
○	②	いずれも訪問時に調査票を調査対象者に手渡すが，訪問面接調査では調査員が回答を聞き取り，訪問留置調査では調査員は聞き取りを行わない。
○	③	いずれも回答は調査票に記入するが，訪問面接調査は他記式の回答方法で，訪問留置調査は自記式の回答方法である。
○	④	いずれも調査員が対象者と面会するが，訪問面接調査の方が調査員の属性の違いによる回答の偏りが生じやすいので，社会規範に関わる意見を尋ねるような調査には訪問留置調査の方が適している。
○	⑤	いずれも調査員が回答方法を説明するが，訪問面接調査の方が枝分かれ質問のとび先などを調査員が確認しながら質問を進めるので，複雑な条件付けがある調査内容には適している。

統計検定　専門統計調査士

| 表示サイズ | 100%▼ |

21問目／全40問　　　　　　　　　　　　　□あとで見直す

紙の調査票の代わりに電子媒体（ノートパソコンやタブレットなど）を用いて回答を入力する調査方式を，一般に CAI（computer-assisted interview）と呼ぶ。そのなかでも，訪問調査員が回答を入力する方式は CAPI（computer-assisted personal interview）と呼ばれ，調査対象者に回答を入力してもらう方式は CASI（computer-assisted self-administered interview あるいは computer-assisted self-interview）と呼ばれる。訪問調査における CAPI と CASI に関する説明として，適切でないものを，次の①～⑤のうちから一つ選びなさい。

○	①	一般に，CAPI や CASI は，枝分かれや条件付けで質問内容が調査対象者ごとに変わる調査に適している。
○	②	一般に，CAPI や CASI で使用する機器は，調査対象者が所持している機器を利用するのではなく，調査員が持参することが多い。
○	③	一般に，訪問調査における CAPI は面接調査の一種で，CASI は留置調査の一種と考えられる。
○	④	一般に，CASI では回答内容の論理的な矛盾についてコンピュータがその場で点検を行うことがあるが，CAPI では調査員が入力するのでそのような点検は行われない。
○	⑤	一般に，CASI を用いる方が CAPI を用いるよりも，社会的に望ましそうな意見を答えがちになる偏りは起こりにくいと考えられる。

前へ　　　　　次へ

統計検定　専門統計調査士

表示サイズ	100%▼

22 問目/全 40 問	□あとで見直す

18 歳以上の日本人全体を目標母集団とした標本調査を，RDD（Random Digit Dialing）による電話調査法で 1,000 人の回答を獲得目標として実施する。目標母集団からの偏りが小さく，目標母集団をよく代表する回収標本を得る方法として，適切でないものを，次の①〜⑤のうちから一つ選びなさい。

○｜①｜調査を実施する時間帯を広げる。

○｜②｜平日だけでなく休日にも調査を実施する。

○｜③｜固定電話だけでなく，携帯電話の番号も対象に含める。

○｜④｜調査する対象の電話番号（計画標本）の数を増やす。

○｜⑤｜調査対象者が不在だった場合，時間を変えて再度電話する。

統計検定　専門統計調査士

表示サイズ	100%▼

23問目/全40問	□あとで見直す

全国の有権者を対象にして，固定電話番号を標本抽出枠としたRDD（Random Digit Dialing）による電話調査法で標本調査を実施する。調査における電話オペレーター（調査員）の対応として，適切でないものを，次の①〜⑤のうちから一つ選びなさい。

○	①	調査対象者から「どうして電話番号が分かったのか」と聞かれたので，無作為抽出した番号に電話していることを説明した。
○	②	調査対象者から「調査の協力にあたって，自分の名前などの個人情報が公に出ないか心配だ」と言われたので，公表されるのは集計後の数値であり，個人情報が出ないことや，無作為に電話番号を抽出しているので住所も名前も知らないことを説明した。
○	③	調査対象者から「なぜ家に住んでいる有権者の人数を聞くのか」と聞かれたので，世帯の規模による意見の違いを調べているからと理由を説明した。
○	④	調査対象者から「なぜ何回も電話をかけてくるのか」と聞かれたので，多忙で外出が多い人からも意見を聞くことが大切であるからと理由を説明した。
○	⑤	調査対象者の家族から「調査期間中，本人は家に戻らないので，自分が代わりに回答する」と言われたが，無作為に選ばれた人から回答を得ることが重要であると説明し，代理回答をお断りした。

統計検定　専門統計調査士

表示サイズ	100%▼

24問目/全40問　　　　　　　　　　　　　　　　□あとで見直す

日本の有権者全体を目標母集団として，選挙人名簿を標本抽出枠とする世論調査を，層化二段無作為抽出法で得た計画標本（3,000 人）に対して郵送調査法で実施する。目標母集団からの偏りが小さく，目標母集団をよく代表する回収標本を得る方法として，適切でないものを，次の①〜⑤のうちから一つ選びなさい。

○　①　計画標本サイズは変更せずに，調査地点（第一次抽出単位）の数を増やし，地点当たりの調査対象者数は減らす。

○　②　地番順に編成された台帳から系統抽出する場合，抽出間隔を 3 程度に小さく設定する。

○　③　謝礼は調査への回答を受け取った後に回答者に送るのではなく，最初に調査票を郵送する際に同封して先に渡す。

○　④　質問の数，およびその結果としての調査票の頁数は，回答者に負担感を与えないように，できるだけ少なくする。

○　⑤　調査票の返送期日（締切日）を，最初に調査対象者に示した期日よりも延長する。

前へ　　　　次へ

統計検定　専門統計調査士

表示サイズ	100%▼

25問目/全40問	□あとで見直す

世界各国の国勢調査が2020年から2021年にかけて実施された。新型コロナウイルス感染症の影響を受けるなかで，次の5か国が採用した調査方法の説明として，適切でないものを，次の①～⑤のうちから一つ選びなさい。

○	①	日本は2020年調査において，インターネットによる回答を先行し，それを希望しなかった世帯には調査票を配布して，回答を郵送してもらう方式を採用した。
○	②	アメリカ合衆国は2020年調査において，初めてインターネットによる回答方式も取り入れた。
○	③	カナダは2021年調査において，電話による回答方式も採用し，一部の調査事項については，行政記録情報を利用した。
○	④	イギリスは2021年調査において，郵送，インターネット，調査員による回答方式を採用し，一部の調査事項については，行政記録情報を利用した。
○	⑤	イタリアは2020年調査において，実地調査をせずに，行政記録情報に基づく推計に依拠した。

統計検定　専門統計調査士

表示サイズ	100％▼

26問目／全40問	□あとで見直す

世帯を対象とする訪問留置調査において，調査員が紙の調査票を配布したあと，調査員が再訪問して回収する方法（訪問回収）と，紙の調査票と同じ内容のウェブ画面に，調査対象者がインターネットを使って回答する方法（オンライン回収）を用意した。この回収方式で調査を実施する場合に，採用することが望ましい工夫の説明として，適切でないものを，次の①〜⑤のうちから一つ選びなさい。

○	①	パソコンでもスマートフォンでも回答できるように，URLだけでなくQRコードも提供してウェブ画面にアクセスできるようにする。
○	②	オンライン回収のためのログインIDとパスワードを，調査対象者ごとに発行し，紙とオンラインで重複して回答しても識別できるようにする。
○	③	ログインIDとパスワードの再発行を求められた場合は，新しいIDとパスワードを発行し，古いIDを無効化する。
○	④	オンラインと訪問のどちらの回答を希望するか，調査対象世帯への初回訪問時に調査員が相手に確認し，訪問回収を希望した調査対象者だけを後日訪問する。
○	⑤	オンライン回答に関する技術的な質問を受け付ける専用の電話番号を，一般的な問合せ用の電話番号とは別に用意し，技術的な知識のあるオペレーターを待機させる。

統計検定　専門統計調査士

表示サイズ	100%▼

27問目/全40問　　　　　　　　　　　　　　□あとで見直す

市場調査を中心とする調査機関が実施しているインターネット調査（オンライン調査，ウェブ調査）は，数十万人から数百万人の規模のアクセスパネル（公募型パネル，ボランティアパネル）を用意して調査を実施している。このようなインターネット調査の設計の仕方とそのメリットに関する説明として，適切でないものを，次の①～⑤のうちから一つ選びなさい。

○	①	日本人の成人を目標母集団とした標本調査の場合，性別・年齢別・県別の分布が目標母集団と同じになるように，アクセスパネルから回答を集めると，その標本から目標母集団への統計的推測を適用できる条件が整う。
○	②	発売直後の新製品購入者に対して顧客満足度調査を実施したいが，該当する購入者が少ない場合，住民基本台帳から無作為抽出した標本で調査するよりも，インターネット調査を利用したほうが，効率的・効果的に目的を達成できる。
○	③	インターネット調査では，回答者の個人別の回答所要時間について，調査開始から終了までの時間だけでなく，各質問別の所要時間も測定できるので，常識的には不可能な短時間で回答した対象者を，分析に含めるか除外するかを判定できる。
○	④	インターネットを利用するデバイスとして，パソコンだけでなくスマートフォンも増加しているため，ウェブ画面の設計ではスマートフォンのサイズでも視認性の高いデザインを用意する。
○	⑤	インターネット調査では，選択肢の順番が回答に与える影響が懸念される場合，この順序効果を低減させるために，選択肢の表示順を無作為化することができる。

前へ　　　　　　次へ

統計検定　専門統計調査士

表示サイズ	100%▼

全国の小売店パネルから POS データを収集し，店頭での販売実態を捉える調査がある。こうして収集した POS データの利用・分析に関する説明として，適切でないものを，次の①〜⑤のうちから一つ選びなさい。

○	①	全国各地の小売店パネルの POS データを集計・分析することで，全国規模の販売金額，販売量・マーケットシェアを推計できる。
○	②	用途や機能などの商品特性を示すサブカテゴリー別の分析をするためには，POS データにサブカテゴリーに関する情報を付与する必要がある。
○	③	POS データには，商品の売上実績データの他，販売促進，棚割，催事などに関する情報が含まれ，これを説明変数として利用することで，売上の要因分析ができる。
○	④	各店舗からの売上（金額・点数）の単純比較は合理性に欠けるため，レジ通過1,000人当たりの売上（金額・点数）による比較分析を利用する。
○	⑤	POS データを分析することにより，ある製品について，価格の変化に伴い需要がどの程度変化するかを示す価格弾力性を求めることができる。

統計検定　専門統計調査士

表示サイズ	100%▼

29問目／全40問　　　　　　　　　　　□あとで見直す

次の図は，平成 26 年全国消費実態調査の二人以上の世帯の結果に基づいて，都道府県別のスマートフォン，携帯電話（PHS を含み，スマートフォンを除く），パソコン（デスクトップ型），パソコン（ノート型），タブレット端末の普及率（当該耐久消費財を所有している世帯の割合）について，箱ひげ図で示したものである。この図の説明として，適切でないものを，下の①〜⑤のうちから一つ選びなさい。

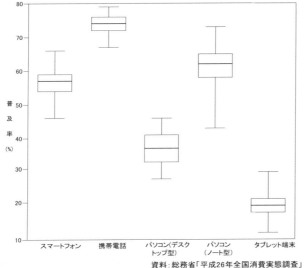

資料：総務省「平成26年全国消費実態調査」

○	①	5種類の耐久消費財の普及率のうち，四分位範囲が最も大きいのは，パソコン（デスクトップ型）である。
○	②	スマートフォンの普及率の最大値は，携帯電話の最小値よりも大きい。
○	③	パソコン（デスクトップ型）の普及率の最大値は，パソコン（ノート型）の最小値よりも大きい。
○	④	5種類の耐久消費財の普及率のうち，範囲が最も大きいのはパソコン（ノート型）である。
○	⑤	5種類の耐久消費財のうち，都道府県平均の普及率の値が最も大きいのは携帯電話である。

前へ　　　　　　次へ

統計検定　専門統計調査士

| 表示サイズ | 100%▼ |

30問目/全40問　　　　　　　　　　　　　　　　　□あとで見直す

次の表は，毎年実施している21世紀成年者縦断調査（平成24年成年者）の第7回（平成30年）調査結果に基づいて，作成したものである。この表には，全国の20〜29歳（平成24年10月末日現在）である男女及びその配偶者を対象として，第1回調査時に独身でこの6年間に結婚した者について，結婚前後の就業状況の変化をまとめている。この表から読み取ることのできる就業状況の変化に関する記述として，適切でないものを，下の①〜⑤のうちから一つ選びなさい。

男女 結婚前の仕事の有無・就業形態	総数	結婚後の仕事の有無・就業形態						
		仕事あり	会社などの役員・自営業主・自家営業の手伝い	正規の職員・従業員	アルバイト・パート	労働者派遣事業所の派遣社員・契約社員・嘱託	自宅での賃仕事（内職）などその他	仕事なし
男	625	617	46	526	10	15	7	4
仕事あり	604	600	44	514	9	13	7	1
会社などの役員・自営業主・自家営業の手伝い	39	39	28	10	-	-	-	-
正規の職員・従業員	492	490	10	466	1	4	2	-
アルバイト・パート	17	17	1	7	7	1	1	-
労働者派遣事業所の派遣社員・契約社員・嘱託	26	25	1	13	1	8	-	1
自宅での賃仕事（内職）などその他	7	7	-	3	-	-	3	-
仕事なし	20	16	2	11	1	2	-	3
女	1,367	1,087	44	750	149	124	12	272
仕事あり	1,284	1,045	41	739	135	111	11	232
会社などの役員・自営業主・自家営業の手伝い	39	33	18	12	3	-	-	5
正規の職員・従業員	911	771	14	679	47	22	5	134
アルバイト・パート	143	91	3	11	66	11	-	52
労働者派遣事業所の派遣社員・契約社員・嘱託	146	114	4	16	15	74	3	32
自宅での賃仕事（内職）などその他	13	10	-	2	2	4	2	3
仕事なし	69	32	3	5	13	11	-	37

注：結婚前・結婚後の仕事の有無の「総数」には不詳を含み，「仕事あり」には就業形態不詳を含む。

資料：厚生労働省「第7回21世紀成年者縦断調査（平成24年成年者）」

○	①	結婚前に「正規の職員・従業員」であった女性のうち，結婚後に「アルバイト・パート」に変化した者の割合は5.2％である。
○	②	結婚前後ともに「仕事あり」の女性のうち，仕事の形態が変化しなかった者の割合は81.4％である。
○	③	結婚後に「正規の職員・従業員」である男性のうち，結婚前に「労働者派遣事業所の派遣社員・契約社員・嘱託」であった者の割合は2.5％である。
○	④	結婚前に「仕事あり」で，結婚後に「仕事なし」に変化した者の割合は，女性の方が男性より高い。
○	⑤	結婚前に「正規の職員・従業員」で，結婚後も「正規の職員・従業員」である者の割合は，男性の方が女性より高い。

前へ　　　　　　次へ

統計検定　専門統計調査士

表示サイズ	100%▼

31 問目/全 40 問　　　　　　　　　　　　　　　□あとで見直す

次の表は，総務省「平成 30 年家計調査」に基づいて，二人以上の勤労者世帯について，負債額階級別にみた世帯数と負債額の平均を示したものである。このデータに関する記述として，適切でないものを，下の①〜⑤のうちから一つ選びなさい。

二人以上の勤労者世帯の負債額階級別の世帯分布と負債額平均（平成 30 年）

	負債額階級										負債額
	負債なし	負債あり									
		150万円未満	150万円〜300万円	300万円〜600万円	600万円〜900万円	900万円〜1200万円	1200万円〜1500万円	1500万円〜1800万円	1800万円〜2400万円	2400万円以上	平均
世帯割合 (%)	45.4	8.0	3.5	4.6	4.4	4.1	4.3	4.4	8.9	12.1	821万円

資料：総務省「平成 30 年家計調査」
注：各階級の世帯割合を合計しても四捨五入の関係で 100%とはならない。

○	①	全世帯で負債額が中央値以下である世帯の数と負債のある世帯で負債額が中央値以下である世帯の数の差の 2 倍が，負債のない世帯の数である。
○	②	全世帯で，負債額の中央値は 150 万円未満の階級にある。
○	③	全世帯で，負債額が平均以上の世帯割合は 1/3 を超える。
○	④	負債のある世帯で，負債額の中央値は 1200 万円以上 1500 万円未満の階級にある。
○	⑤	負債のある世帯で，負債額の平均は 1200 万円以上 1500 万円未満の階級にある。

前へ　　　　　　次へ

統計検定　専門統計調査士

表示サイズ	100%▼

32問目/全40問　　　　　　　　　　　　　　□あとで見直す

次の表は，1980年度〜2014年度の内閣府「県民経済計算」から算出した，47都道府県の1人当たり県民所得に関する統計量である。5つの年度の記述として，最も適切なものを，下の①〜⑤のうちから一つ選びなさい。

47都道府県の1人当たり県民所得（万円）の統計量

年度	平均	最大値	最小値	標準偏差	変動係数
1980	156	234	120	22.1	0.142
1990	262	414	189	44.3	0.169
2000	286	462	210	41.0	0.143
2010	269	445	202	38.8	0.144
2014	282	451	213	39.1	0.139

資料：内閣府「県民経済計算」
注：1990年度以降は93SNA，それ以前は68SNA。

○	①	47都道府県の1人当たり県民所得の格差は，1980年度が最も小さい。
○	②	47都道府県の1人当たり県民所得の格差は，2000年度が最も大きい。
○	③	47都道府県の1人当たり県民所得を基準化した値の範囲は，どの年度も5を超える。
○	④	47都道府県の1人当たり県民所得の最大値を基準化した値は，どの年度も4を超える。
○	⑤	47都道府県の1人当たり県民所得の最小値は，どの年度も平均から標準偏差の2倍以上乖離している。

統計検定　専門統計調査士

表示サイズ	100%▼

33問目/全40問　　　　　　　　　　　　　□あとで見直す

2つの集団 (1, 2) において所得 x と支出 y の標準偏差 s_x, s_y および相関係数 $r > 0$ は一致している，すなわち

$$s_x^{(1)} = s_x^{(2)} = s_x > 0,\ s_y^{(1)} = s_y^{(2)} = s_y > 0,\ r^{(1)} = r^{(2)} = r$$

である。ここでカッコ内の数字は集団を表している。各集団の平均を $\bar{x}^{(j)}$, $\bar{y}^{(j)}$ $(j = 1, 2)$ と表すとき，2つの集団全体の相関係数 $r^{(\mathrm{all})}$ に関する記述として，適切でないものを，次の①〜⑤のうちから一つ選びなさい。

○	①	$\bar{x}^{(1)} = \bar{x}^{(2)}$ かつ $\bar{y}^{(1)} = \bar{y}^{(2)}$ の場合は $r^{(\mathrm{all})} = r$ となる。
○	②	$\bar{x}^{(1)} = \bar{x}^{(2)}$ かつ $\bar{y}^{(1)} < \bar{y}^{(2)}$ の場合は $r^{(\mathrm{all})} < r$ となる。
○	③	$(\bar{y}^{(1)} - \bar{y}^{(2)})s_x = (\bar{x}^{(1)} - \bar{x}^{(2)})s_y \neq 0$ の場合は $r^{(\mathrm{all})} > r$ となる。
○	④	$\bar{x}^{(1)} < \bar{x}^{(2)}$ かつ $\bar{y}^{(1)} < \bar{y}^{(2)}$ の場合は $r^{(\mathrm{all})} > r$ となる。
○	⑤	$\bar{x}^{(1)} < \bar{x}^{(2)}$ かつ $\bar{y}^{(1)} > \bar{y}^{(2)}$ の場合は $r^{(\mathrm{all})} > 0$ とは限らない。

統計検定　専門統計調査士

表示サイズ	100%▼

34問目/全40問　　　　　　　　　　　　　　　□あとで見直す

2000年と2019年について，年間収入十分位階級別の1世帯当たりの可処分所得を x，消費支出を y とする。回帰式 $y = a + bx$ の各年についての推定結果は次のとおりである。（ ）内は t 値，R^2 は決定係数を示す。

2000年 $y = 68212 + 0.577x$　　　　$R^2 = 0.9978.$
　　　　　　　　(60.1)
2019年 $y = 94107 + 0.482x$　　　　$R^2 = 0.9934.$
　　　　　　　　(30.8)

2019年の回帰式における x の係数 b_{19} の推定量を $\hat{b}_{19}$，その標準偏差を $\mathrm{sd}(\hat{b}_{19})$，標準誤差を $\mathrm{se}(\hat{b}_{19})$ と表す。回帰分析に関する標準的な仮定のもとで，b_{19} が2000年の推定値である 0.577 と等しいという仮説（$b_{19} = 0.577$）の検定に関する記述として，適切でないものを，次の①〜⑤のうちから一つ選びなさい。

○	①	係数 b_{19} の t 値が30.8だから，仮説 $b_{19} = 0.577$ は有意水準1%でも棄却される。
○	②	2000年の回帰式における x の係数について，その t 値が60.1であることは，仮説検定の結論には影響しない。
○	③	推定量 $\hat{b}_{19}$ の標準誤差 $\mathrm{se}(\hat{b}_{19})$ は 0.482/30.8 として求められる。
○	④	$b_{19} = 0.577$ が真のとき，$(\hat{b}_{19} - 0.577)/\mathrm{se}(\hat{b}_{19})$ は自由度8の t 分布にしたがう。
○	⑤	$b_{19} = 0.577$ が真のとき，$(\hat{b}_{19} - 0.577)/\mathrm{sd}(\hat{b}_{19})$ は平均0の正規分布にしたがう。

前へ　　　　　　次へ

統計検定　専門統計調査士

表示サイズ　100%▼

35 問目／全 40 問　　　　　　　　　　　　□あとで見直す

2000 年と 2019 年について，年間収入十分位階級別の 1 世帯当たりの可処分所得を x，消費支出を y とする。回帰式 $y = a + bx$ の各年についての推定結果は次のとおりである。（ ）内は t 値，R^2 は決定係数を示す。

2000 年 $y = 68212 + 0.577x$　　　$R^2 = 0.9978.$
　　　　　　　(60.1)

2019 年 $y = 94107 + 0.482x$　　　$R^2 = 0.9934.$
　　　　　　　(30.8)

2019 年と 2000 年の回帰式において，係数 b は等しく，定数項 a_{00}, a_{19} だけが異なる可能性があると考えて，帰無仮説 $(H_0 : a_{00} = a_{19})$ と対立仮説 $(H_1 : a_{00} \neq a_{19})$ を想定する。以下，2019 年と 2000 年の回帰式における定数項の推定量をそれぞれ $\hat{a}_{00}, \hat{a}_{19}$ として，それらの分散を V_{00}，V_{19} と記す。仮説 $(H_0 : a_{00} = a_{19})$ の検定に関する記述として，適切でないものを，次の①〜⑤のうちから一つ選びなさい。

○ ① 2000 年と 2019 年を合わせた $n = 20$ のデータに対して，ダミー変数 z（2000 年の観測値に対して $z = 0$，2019 年の観測値に対して $z = 1$）を追加した回帰式 $y = a + bx + cz$ を推定して，回帰係数 c が有意に 0 と異なるかどうかを検定すればよい。

○ ② 仮説 H_0 が真のとき，推定量の差 $\hat{a}_{00} - \hat{a}_{19}$ は，平均 0 の正規分布にしたがう。

○ ③ 仮説 H_0 が真のとき，推定量の差 $\hat{a}_{00} - \hat{a}_{19}$ の分散は，$V_{00} + V_{19}$ である。

○ ④ 仮説 H_0 が真のとき，統計量 $(\hat{a}_{00} - \hat{a}_{19})/\sqrt{V_{00} + V_{19}}$ は自由度 17 の t 分布にしたがう。

○ ⑤ 2000 年と 2019 年の各年についての回帰分析の結果を用いれば，推定量の差 $\hat{a}_{00} - \hat{a}_{19}$ の分散の不偏推定値を求めることができる。

前へ　　　　　　次へ

統計検定　専門統計調査士

表示サイズ	100%▼

36 問目/全 40 問　　　　　　　　　　　　　　　□あとで見直す

次の表は，パーソナリティ研究の調査データから得た，調和性（優しさや利他性）の因子を測定する 5 項目を使い，因子分析を適用した結果である。各項目は 6 件法で質問され，値が大きいほど「当てはまる」と回答したデータである。この表から分かることとして，適切でないものを，下の①〜⑤のうちから一つ選びなさい。

項目	内容	因子負荷量	共通性
1	Am indifferent to the feelings of others.	−0.38	0.14
2	Inquire about others' well-being.	0.66	0.43
3	Know how to comfort others.	0.76	0.58
4	Love children.	0.48	0.23
5	Make people feel at ease.	0.63	0.39

○　①　因子負荷量が負の項目があることから，この因子の得点が大きいほど，「優しさや利他性」がないことを意味する。

○　②　項目 2 の共通性が 0.43 であることは，項目 2 の分散のうちの 43%を因子で説明できることを意味している。

○　③　項目 3 の独自性は 0.42 である。

○　④　5 項目の中で測定された因子を最も的確に表しているのは項目 3 である。

○　⑤　項目 1 は共通性が低いために除外し，他の 4 項目を使って探索的因子分析を行ったとする。このとき，4 項目の因子負荷量は上記の表とは違う値になる。

統計検定　専門統計調査士

表示サイズ	100%▼

37問目/全40問　　　　　　　　　　　　□あとで見直す

単純無作為抽出法で，日本全国の賃貸住宅で一人暮らしする20歳代の人を抽出し，調査を実施した。標本の大きさは160人で，回収率は100%であったとする。対象者の家賃金額の平均値について，95%信頼区間を求めたところ，信頼区間の下限は約50,490円，上限は約56,110円であった。この結果から言えることとして，適切でないものを，次の①〜⑤のうちから一つ選びなさい。

○	①	標本平均の値は50,490円〜56,110円の範囲に含まれる。
○	②	母平均の値が50,490円〜56,110円の範囲に含まれる確率は95%である。
○	③	他の条件は同じで，信頼係数を99%にすると，信頼区間の幅はより広くなる。
○	④	他の条件は同じで，標本の大きさを400人にすると，信頼区間の幅はより狭くなる。
○	⑤	他の条件は同じで，家賃金額の標本標準偏差が大きくなれば，信頼区間の幅はより広くなる。

統計検定　専門統計調査士

表示サイズ	100%▼

38問目/全40問　　　　　　　　　　　　　　　□あとで見直す

ある大学で，大学1年生の男女20人ずつを確率抽出し，学業成績について調査し，最低1点，最高4点となる成績評定点を求めた。その結果は，男性の平均は2.77点，女性の平均は3.27点であった。等分散性の検定の結果は統計的に有意ではなかった。そこで等分散性を仮定して男性と女性の成績評価点について，独立した2つの平均の差のt検定を適用したところ，t値は −1.98（両側検定での P-値は 0.055）であった。この結果から言えることとして，適切でないものを，次の①〜⑤のうちから一つ選びなさい。

○	①	有意水準5%の両側検定では，成績評定点の平均に統計的に有意な男女差があるとはいえない。
○	②	女性の平均から男性の平均を引いて差を求めた場合には，t値は1.98になる。
○	③	男性よりも女性の平均点の方が高い，という対立仮説に基づいて片側検定を行うなら，P-値は 0.055/2 になる。
○	④	男女とも40人ずつを調査して得られたt値が同じく −1.98 だったならば，P-値も同じく 0.055 になる。
○	⑤	もし等分散性の検定の結果，統計的に有意であるならば，平均の差の検定のやりかたを変えるべきである。

統計検定 専門統計調査士

表示サイズ	100%▼

39問目/全40問 □あとで見直す

インターネット調査は確率抽出を行った調査に比べて，標本の偏りが生じやすい。アメリカの調査会社 Harris Interactive 社は，2000年のアメリカ大統領選挙においてインターネット調査における標本の偏りを統計的に調整することで，大統領選挙の予測で成功を収めたと言われている。Harris Interactive 社が標本の偏りを調整するために用いた統計手法は何か。次の①～⑤のうちから一つ選びなさい。

○	①	傾向スコア分析
○	②	共分散分析
○	③	共分散構造分析
○	④	差分の差分法
○	⑤	回帰不連続デザイン

統計検定　専門統計調査士

| 表示サイズ | 100%▼ |

| **40 問目／全 40 問** | □あとで見直す |

次の表は，札幌市における 2020 年上半期（1 月～6 月）の日々の最低気温について，階級別に分布で表したものである。このデータの結果のまとめ方に関して，適切でないものを，下の①～⑤のうちから一つ選びなさい。

最低気温の階級	日数	最低気温の階級	日数	最低気温の階級	日数
−15℃以上　−10℃未満	3	0℃以上　1℃未満	11	10℃以上　11℃未満	6
−10℃以上　−8℃未満	5	1℃以上　2℃未満	14	11℃以上　12℃未満	9
−8℃以上　−7℃未満	9	2℃以上　3℃未満	8	12℃以上　13℃未満	2
−7℃以上　−6℃未満	5	3℃以上　4℃未満	6	13℃以上　14℃未満	7
−6℃以上　−5℃未満	10	4℃以上　5℃未満	6	14℃以上　15℃未満	6
−5℃以上　−4℃未満	12	5℃以上　6℃未満	5	15℃以上　16℃未満	10
−4℃以上　−3℃未満	5	6℃以上　7℃未満	6	16℃以上　17℃未満	5
−3℃以上　−2℃未満	8	7℃以上　8℃未満	2	17℃以上　18℃未満	0
−2℃以上　−1℃未満	8	8℃以上　9℃未満	4	18℃以上　19℃未満	1
−1℃以上　0℃未満	7	9℃以上　10℃未満	2		

○　① 上の表のように度数分布表で表すと，上半期でどの最低気温の日が多かったかがわかる。

○　② 階級の数を適切に設定してヒストグラムを作成すると，上半期の最低気温の分布がわかる。

○　③ 階級の中央の値を日数で加重平均すると，上半期の最低気温のおおよその平均がわかる。

○　④ 階級の中央の値と最低気温の平均の差の 2 乗を日数で加重平均すると，上半期の最低気温のおおよその分散がわかる。

○　⑤ 最低気温の第 3 四分位数を求めれば，上半期で特に寒かった約 45 日間の最低気温の上限がおおよそわかる。

| 前へ | 次へ |

$$\boxed{\quad 解\qquad 答 \quad}$$

CBT 模擬問題の解答

問 1 ‥‥‥ 正解　②

①：適切である。平成 21 年の回収率は 71.1 ％であり，以降 70 ％を下回ることはなく，平成 27 年は 75.1 ％，平成 30 年は 72.4 ％と推移していた。郵送調査でも調査票や督促方法の工夫で回収率は高くなっている。

②：適切でない。平成 21 年度以降，製造業は 75 ％以上で推移しているが，たとえば，宿泊業・飲食サービス業は 60 ％前後と低い傾向にある。概して，回収率は調査手法によらず製造業がサービス業よりも高い傾向にあり，賃金構造基本統計調査でも同様である。

③：適切である。統計調査員は非常勤公務員であるとしても，労働局や労働基準監督署の職員は管轄事業所を監督する立場にある。調査対象事務所の調査依頼への対応は両者で異なったものとなっている。

④：適切である。賃金構造基本統計調査の訪問調査は自記式であるので，提出された調査票に未記入の調査事項がありうる。統計調査員が受領時点で開封できればその場で確認するのが効果的である。郵送調査では回収後に改めて疑義照会することになる。配布時点で疑義照会があることを伝えるとよい。

⑤：適切である。調査員が配布回収を担当できるのは多くても数十以下であり，郵送調査ではその人員が不要になる。回収後の審査業務では郵送調査

で多くの人員を必要とするが，配布・回収業務で調査員調査より増えない。

問2‥‥‥ 正解　④

①：適切である。標本調査では精度およびコストの観点から島嶼部を除く場合は多い。国勢調査区を利用する標本調査では，一般調査区のみを対象として特別調査区を除外することも多い。たとえば，「全国消費実態調査」では「へき地」「別荘地」の調査区を除外している。

②：適切である。島嶼部の世帯数や事業所数が少ないことは母集団情報から知られている。標準誤差率は標本の大きさに関係しているため，島嶼部を調査対象から除外しても，ほとんど影響を受けない。

③：適切である。「バー，キャバレー，ナイトクラブ」は夜間営業が多く，経営者は事務所等にいることが多いので，店舗では調査に回答できないと言われることが多いこと等が，調査票の回収を困難にしている。

④：適切でない。選択肢③と関連するが，調査員調査では配布さえできない場合でも，郵送調査であれば調査票は調査対象事業所に到達はする。調査員調査と同様の分量・予算で，督促・再送などを電話や公文書送付などで，実施した場合，回収率は同じ程度か，むしろ郵送調査の方が高くなる可能性もあると考えられる。

⑤：適切である。総務省行政評価局「賃金構造基本統計問題に関する緊急報告」（平成31年3月8日）によれば「バー，キャバレー，ナイトクラブ」が占める割合は，「宿泊業，飲食サービス業」に対しては2%，全体の0.2%である。問題視されたのは十分な検証をすることなく公表しないで変更した点にあった。

問3‥‥‥ 正解　③

①：適切である。プリテストの規模はテスト内容によって異なるが，特に初めての調査の場合は，数人あるいは，数十人の対象者であっても気が付かなかった指摘を得ることが期待できるので，時間のある限り実施したほうがよい。

②：適切である。本調査の対象者が質問文に回答できるか確認するためには，プリテストの対象者の属性が本調査に近いほうがよい。

③：適切でない。分野の専門家の意見を参考にするのは，プリテストの段階ではなく，調査票を設計するよりも前の企画段階で実施されるべきである。

④：適切である。本調査を訪問面接調査で行う計画であれば，同じ方法が望ましい，他の方法ではプリテストの効果が減少してしまう。

⑤：適切である。プリテストで質問文などに問題が見いだされた場合，それを修正し，修正後の問題が改善されたかを確認するため，別の対象者で確認することが望ましい。

問4 ······ 正解　②

①：適切である。業務の作業フローを分割・連携する体制を組むことは大規模調査では不可欠である。

②：適切でない。調査票は信書として扱われるので，民間の郵送サービスを使えない。公的統計調査の仕様書では明記されているし，民間の調査機関の市場調査においても調査票は信書郵便として扱うというガイドラインがある。

③：適切である。印刷や入力など専門性の高い業務は，受託者が実施するよりも専門会社に委託すべきである。ただし，再委託について国の承認を受ける必要がある。

④：適切である。対象者の都合にあわせた方法を併用すると回収率の向上につながる。特に実態を調べる統計調査では効果的である。ただし，意識調査の場合は回答結果に影響を与える点に注意する必要がある。

⑤：適切である。提出期日後に提出された調査票の扱い方は，その調査の目的や背景によって異なるが実態調査では適切である。月次の継続的調査の場合には時間的余裕がないこと等の理由で，遅れた調査票は無効とする場合も多い。

問5 ······ 正解　①

①：適切でない。オンラインで回収したデータを，わざわざ紙に印刷して入力作業をすると，そこでミスが発生するリスクが生じ，効率の観点からも不適当である。紙の調査票はスキャンして電子媒体で保存すればよい。

②：適切である。マニュアルは常に見直し・更新すること，さまざまな利用者の立場に応じた形式を検討して使いやすいものにしていくことが望ましい。

③：適切である。調査のプロセスは長く，各プロセスの担当者も異なるので，責任者が全体的な立場で把握できるように運用しないと，プロセス間で問題が生じることもある。調査計画の全体にわたって適切な管理をしないと品質維持は難しい。

④：適切である。計画の修正とは調査仕様の修正のことではなく，目標を達成するための実施計画の柔軟な対応・変更である。コスト問題もあるがリソース投入の判断と最適化が重要となる。

⑤：適切である。次回以降も継続する調査であれば，知見の記録が特に重要な意味を持ち，継続的改善につながる。

問6‥‥‥‥正解　④

①：適切である。訪問面接調査では本人確認から始めるしかない。電話調査では電話口に出た人から家族人数なども聞いて始める必要がある。郵送調査やウェブ調査は自記式なので，属性から質問が始まると協力度合いが下がる懸念もあり，最後に置くことが多い。

②：適切である。基本的には自然な回答しやすさを前提とするが，それを踏まえたうえで質問順序の影響を避けたい場合もある。

③：適切である。調査票の最初から，答えにくい質問があると，回答者の調査全体への拒否感が強くなるので，最初は答えやすく，負担感のない印象をもってもらう方が，調査協力を得やすい場合が多い。

④：適切でない。スクリーニング質問によって，次の質問に該当しない回答者が，その質問を飛ばして，必要な質問についてだけ回答することになり，回答者全体の負担は軽くなる。

⑤：適切である。回答が，質問の順序の影響を受けて偏ってしまうことが懸念される場合，質問順序を変えた調査票を数種類用意し，調査対象者別に割り当てて実施することがある。これは，回答選択肢の順序についても同様である。

問7 ‥‥‥ 正解　③

①：適切である。高圧的で傷つけるような表現にならないよう注意する。一部対象者にとっては傷つく場合もあるので，十分に検討し準備しておく必要がある。

②：適切である。さまざまな調査対象者を想定し，異なる解釈がされないで理解できるような言葉と表現にすることが望まれる。

③：適切でない。わかりやすい文章にすることは大切であるが，それを重視するあまり，冗長になってはかえってわかりにくくなることもある。どのような調査対象者であるかを考慮すべきであって，過度な平易さや冗長性は避けたい。

④：適切である。ダブルバーレルは，質問の作り方の基本として避けるべきこととされる。一般的には，1つの質問や選択肢に2つ以上の内容を含むことは，回答者がどれを基準に回答したかが不明であるという理由による。

⑤：適切である。個人の考え方を問う場合など，いわゆる「ステレオタイプ」が連想されると，個人の考え方とは異なる回答になる可能性が高いとされる。

問8 ‥‥‥ 正解　②

①：適切である。郵送調査の基本である。調査票とともに，調査協力依頼書，回答に必要な資料があれば同封し，返信用封筒には切手を貼って同封する。

②：適切でない。調査票などの郵送は，回答者に気持ち良く受け取ってもらえるよう，封筒や宛名に留意し，きれいな記念切手等を用いるのもよいとされる。返送用封筒は調査者が受け取るものなので，切手などに配慮する必要はない。

③：適切である。調査依頼状などには，調査に対する問い合わせなどに応じられるように，調査実施責任者の連絡先を明記し，対応する要員が待機し，調査実施責任者とも常に連絡可能なようにするのがよい。

④：適切である。調査の依頼状は単に依頼文だけでなく，調査対象者の多くが感じる可能性のある疑問点も記載すると効果的である。無作為抽出の簡

単な説明や調査結果の使われ方（個別の回答内容ではなく統計数字となること）は基本的な記載内容である。

⑤：適切である。郵送調査は回答期限までを2週間から1カ月程度とすることが多いが，期限の直前に届くような督促をはがきなどで送ると，回答が喚起されて，回収率の向上に有効である。その際，協力御礼を兼ねて，すでに回答した人に対する回答御礼の文章を加えると業務が円滑に運ぶ。

問9 ‥‥‥ 正解　③

①：適切である。2020年8月1日現在の住民基本台帳は目標母集団以外の要素を含んでいるものの，生年月日の情報があるため，2020年10月1日現在で20歳から89歳までの年齢になる個人を識別・抽出することができる。

②：適切である。目標母集団は，調査対象の要素すべてを含み，調査対象ではない要素を含まない。

③：適切でない。10月1日には在住者ではないので対象外とする。2000人から若干減る分は，抽出時と実施時のカバレッジ誤差とし，回収率の分母からも除外する。転出者のリスト作成は煩瑣で誤差を持ち込む原因にもなる。郵送調査と調査員調査の違いも生じる。

④：適切である。この調査結果には，目標母集団と標本抽出枠との違いに基づくカバレッジ誤差が存在する。抽出した標本には，8月と9月の転入者は含まれないため，調査結果に非標本誤差を含む原因となる。

⑤：適切である。回収率が100％の確率標本にも，測定誤差などの非標本誤差があるが，非回答（調査不能）による誤差は典型的な非標本誤差である。

問10 ‥‥‥ 正解　⑤

①：適切でない。抽出した町の15歳以上全員を対象とする方法が集落抽出法である。

②：適切でない。層化抽出法が適用されることは多いが，ここでは明記されていない。また規模も小さい市でもあり，層化しない設計も考えられる。層化抽出を組み合わせることは多いが，問題文からはその採否は明らかではない。

③：適切でない。割当抽出法は非確率的な抽出法であるが，町を確率比例抽出

している。

④：適切でない。他の調査の標本（第一相）から，さらに小さい標本を抽出
　　する方法で，多段抽出と似ているようだが，第一相の調査結果を利用し
　　て，第二相の標本を抽出する。

⑤：適切である。第一次抽出単位が町，第二次抽出単位が個人となる典型的
　　な二段抽出であり，一般に多段抽出法という。

問 11 ······ 正解　①

①：適切でない。標本の大きさの設計には標本誤差と非標本誤差を合わせて
　　考慮すべきである。実際の調査ではすべての回答が得られることはほとん
　　どないため，標本の大きさの設計には，非標本誤差の原因である調査不能
　　も含めて検討する必要がある。

②：適切である。似た集落が多く抽出された場合，推定量に偏りの生じるこ
　　とがある。たとえばある市区町村で3つの町丁目を抽出して個人を調査対
　　象者とするとき，給与住宅が多い町丁目が抽出された場合，属性に関して
　　偏りの生じる可能性がある。

③：適切である。一般的に，一段で抽出する単純無作為抽出法よりも，母集
　　団を層化しない二段抽出法の方が推定量の標準誤差は大きくなる。

④：適切である。層化抽出法で比例割当を用いる場合，各層における個人の
　　抽出率は同じとなる。個人の抽出率が同じとなるため，推定において層別
　　に加重する必要はない。

⑤：適切である。二段抽出法を用いるとき，地点を確率比例抽出法により抽
　　出し，各地点で同数の個人を抽出する場合，個人の包含確率は等しい。

問 12 ······ 正解　②

①：適切である。住民基本台帳の住所表示と地域区分は一致しない場合が
　　ある。

②：適切でない。世帯数の統計は，住民基本台帳と国勢調査で世帯の定義が
　　異なるため，住民基本台帳の世帯数のほうが300万程度多い（2015年の統
　　計比較）。主な理由は，国勢調査の世帯の単位が，施設等の場合は棟・建物
　　ごとであるためで，施設に所属している個人が個別に計上されていない。

住民基本台帳は住民票をベースとしているので，個人を対象とする場合は
住民基本台帳を使うことが適切である。

③：適切である。住宅地図データベースの情報が古い可能性もあり，それを
補う意味で現地観察をすると効率的である。

④：適切である。世帯に限らず確率抽出するためには要素を列挙した枠（リ
スト）が必要であり，存在しなければ作成することになる。

⑤：適切である。住宅地図データベースも外観からの観察調査で作成されて
いる。

問 13 ······ 正解　⑤

A市の人口は80万人であるから，18歳以上の個人は数十万人いると考え
ることができる。したがって，推定量に対する標準誤差は有限母集団修正
を無視して，$\sqrt{\dfrac{p(1-p)}{n}}$ で評価する。一般に比率の信頼区間は正規近似を
用いて計算できる。信頼区間の幅が3%と指定されているから，標準誤差
は $0.03 \div 2 \div 1.96 = 0.00765$ 以下であることが必要である。したがって，
$\sqrt{\dfrac{p(1-p)}{n}} < 0.00765$ を満たす最小の n を標本サイズにすればよい。

　市立大学新設に関する賛成の割合についての情報はないため，標準誤
差が最大となる $p = 0.5$ を用いて，不等式を解くと，$n > \dfrac{0.5(1-0.5)}{0.00765^2} =$
$4271.8\cdots\cdots$ が得られる。n は整数だから $n \geqq 4272$。よって，正解は⑤で
ある。

問 14 ······ 正解　⑤

B市の18歳以上人口は10万人であり推定量に対する標準誤差は有限母集団
修正を無視して $\sqrt{\dfrac{p(1-p)}{n}}$ で評価できる。甲地区と乙地区の賛成者の割合
はそれぞれ85%と55%，B市の18歳以上人口に占める甲地区と乙地区の人
口割合はそれぞれ70%と30%である。したがって，B市における賛成者の
割合は $0.70 \times 0.85 + 0.30 \times 0.55 = 0.76$ である。甲地区と乙地区の標準誤
差は $\sqrt{\dfrac{0.85(1-0.85)}{600}} = 0.0146$ と $\sqrt{\dfrac{0.55(1-0.55)}{400}} = 0.0249$ であるから，
B市における賛成者の割合の標準誤差は $\sqrt{0.7^2 \times 0.0146^2 + 0.3^2 \times 0.0249^2}$

= 0.01266 である。正規近似により信頼係数 95% の信頼区間を計算すると，
$0.76 \pm 1.96 \times 0.01266$ より，74% から 78% が最も適切である。

問 15 ······ 正解　④

①：適切である。無回答の調査項目の値を，当該調査項目の回答標本の平均
　　値で補完すると，補完後の平均値は回答標本の平均値と等しくなる。した
　　がって，調査項目について無回答である標本は回答標本と同等の値をもつ
　　と暗黙のうちに仮定していることになる。

②：適切である。無回答のあった調査項目について，その項目と，回答標本
　　と未回答標本の両方で回答があった項目との関連が高ければ，この項目に
　　よって層化して層内平均で補完することで，推定精度が向上する。

③：適切である。再調査によって非回答・無回答を減らすことができれば，
　　標本誤差と非標本誤差の両方を減らすことができる。

④：適切でない。無回答の発生が完全にランダムであれば，回答標本のみを
　　分析しても推定量の偏りは生じないが，無回答の発生によりサンプルサイ
　　ズが減少して標準誤差が大きくなるため推定精度は低下する。

⑤：適切である。無回答の調査項目を補完する方法は複数あり，分析の目的
　　に応じて適切な補完方法が異なることもある。どの調査項目が補完の対象
　　になったのかを識別できるようにしておくことは，データの再利用・再分
　　析のために重要である。

問 16 ······ 正解　③

①：適切である。必ずしも量的調査を適用する必要はない。探索的な調査に
　　よるデータ収集では，さまざまな質的調査の手法を適用すればよい。

②：適切である。仮説が当初から用意されていても構わないが，探索的な調
　　査は仮説発見が主眼なので，事前に仮説を用意せずに調査をしてもよい。

③：適切でない。現在の消費者については，権威ある学説や理論だけに頼
　　らず，消費者調査による実証的なデータから仮説を探る進め方が重要で
　　ある。

④：適切である。探索的な調査では，必ずしも対象とする母集団全体の特徴
　　を量的に把握することをねらいとしていないので，無作為抽出（確率的標

本抽出）を適用しなくてもよい。

⑤：適切である。調査データの分析は，集団の分布を示す統計量を計算する
だけでなく，発言内容のテキスト分析など質的な分析方法も有効である。

問 17 ······ 正解　④

①：適切である。住居を探すことは訪問調査員の基本的な仕事である。転居
してしまっている場合や，集合住宅の部屋番号が記されておらず，見つけ
出すのに苦労することもある。

②：適切である。調査の説明と協力の取り付けは訪問調査員の重要な役割で
ある。

③：適切である。訪問調査員の役割である。理由によって予備対象者への交
代可否や回収率計算の基礎が異なるので，適切に記録されなければなら
ない。

④：適切でない。代替の調査対象者の選定は訪問調査員が現場で判断すべき
ではない。一般に，予備対象者の候補も事前に抽出して名簿を作成してお
く。エリアサンプリングでは現地で予備対象者を抽出する方法もあるが，
この場合はあてはまらない。

⑤：適切である。謝礼の手渡しは訪問調査員の役割である。調査員の不正防
止のため，謝礼が適切に手渡されたかどうかを，調査管理者が事後的に確
認することもある。

問 18 ······ 正解　③

①：適切である。対面で身分証や調査票などの資料を見せながら説明するこ
とで調査対象者からの理解が得られやすい。紙面の方が説明しやすい内容
でも，留置調査は事前に依頼状を郵送できるので郵送調査に比べて劣るこ
とはない。

②：適切である。調査対象者名簿は個人情報が記載されているので，これを
持ち歩く可能性の高い訪問調査では，紛失防止策を講じておく必要があ
る。調査票も個人情報が記入される可能性がある。紙の調査票の場合は個
人情報が漏えいするリスクを伴う。

③：適切でない。地理的に近い市町村で調査を実施する場合には，効率的に

訪問しやすく，一般的に調査期間は郵送調査よりも短く設定できる。

④：適切である。電話調査では質問文も回答選択肢も音声であるが，文字で
　　確認できる訪問留置調査では複雑な質問が可能となる。一般的には，訪問
　　面接調査の方がより複雑な質問に向いている。

⑤：適切である。一定期間の行動の記録を調査しやすい。郵送調査の場合も
　　対象者の手元に調査票が留まるが，いつ郵便が開封されるか統制できな
　　い。回収のための訪問がないと途中で記録を忘れられがちなことなどか
　　ら，郵送調査では困難である。電話調査での実施が困難なことは自明で
　　ある。

問 19 ‥‥‥ 正解　④

①：適切である。訪問面接調査では調査員が質問文を読み上げて，調査対象
　　者は質問文を見ることはない。このため，漢字を見ないと意味が伝わらな
　　い言葉は避ける。

②：適切である。調査対象者は質問文を見ないので，視覚的な強調は伝わら
　　ない。強調したい場合には，「……であることに注意して答えてください」
　　など言葉で伝える。

③：適切である。質問文は調査員が読み上げるが，文の途中で括弧書きがあ
　　ると，質問文が読みにくい。読み方が異なる，省略する等が生じる問題が
　　起こり得る。例示は「○○とは，例えば～～」などと明確に述べる。

④：適切でない。訪問面接調査では調査票を調査対象者が見ることがないの
　　で，質問文の他に調査員への注釈を記入することは一般的に行われる。調
　　査員の適切な対応を指示することで複雑な内容の調査を実施できる。

⑤：適切である。二重否定を重ねると解釈が難しくなる。調査対象者は理解
　　するために論理を裏返す必要があり，誤解する恐れがある。

問 20 ‥‥‥ 正解　②

①：適切である。訪問面接調査では調査員が回答を直接聞き取るので回答に
　　立ち会い，訪問留置調査では調査票をあずけて回答後に回収するので立ち
　　会わない。

②：適切でない。後半部分は適切な説明だが，前半の「調査票を調査対象者

に手渡す」という部分が適切ではない。訪問面接調査では調査員が調査票を読み上げ，調査対象者に手渡すことはない。

③：適切である。調査対象者が自分で回答を記入する方式を自記式と呼び，他者である調査員が記入する方式を他記式と呼ぶ。訪問面接調査は他記式で，訪問留置調査は自記式である。

④：適切である。訪問調査では調査員の性別や年齢によって回答傾向が変わる「調査員バイアス」が知られている。バイアスの強さは調査内容によるが，一般に面接調査の方がバイアスが起こりやすい。

⑤：適切である。枝分かれ質問は誤答が起こりやすい箇所だが，面接調査では訓練を受けた調査員が誤りのないように注意しながら進行するので，調査対象者による記入よりも誤答が起こりにくい。

問 21 ‥‥‥ 正解　④

①：適切である。電子媒体を使っているので，枝分かれや条件付けの内容をプログラムしておけば，必要な質問内容だけを提示することができる。

②：適切である。CAPI や CASI においては，調査対象者が所持する機器からアクセスすることはほとんどない。調査員が持参した機器を使うほうが，機器のトラブルを避けやすい。画面の大きさの違いによる回答傾向の偏りなども避けることができる。

③：適切である。CASI に郵送調査やインターネット調査など，自記式調査全般を含めることもあるが，この問題では訪問調査における CASI に限定しているので，訪問留置調査と考えて問題ない。

④：適切でない。調査現場で回答が電子化されるので，回答の矛盾をその場で点検できることは，電子媒体を用いることの大きな利点である。調査員が回答を入力する CAPI の場合でも，一般に，誤答の可能性の点検に活用される。

⑤：適切である。CASI は訪問留置調査，CAPI は訪問面接調査の一種なので，調査員と対面する CAPI のほうが，社会的に望ましそうな回答に偏るバイアスは起こりやすい。

問 22 ‥‥‥ 正解　④

①：適切である。電話応答できる時間帯は人によって異なるため，時間帯を広げることで，さまざまな属性の人への接触が可能になり，回収率を高めることができる。失礼にならない範囲で，朝や夜の時間帯に調査することが重要である。

②：適切である。在宅率が低い平日だけでなく，在宅率が高い休日も調査実施日とすることで，回収率を高めることができる。

③：適切である。近年は携帯電話だけを使う「携帯限定層」が増加している。携帯電話に調査して，この層を捕捉することで標本の代表性を高めることが期待できる。

④：適切でない。獲得目標数を変えずに調査番号数を増やすと，初回架電で獲得できる回答が増え，電話に出やすい人，在宅が多い人の回答に偏ってしまうおそれがある。

⑤：適切である。電話に出られなかった人に再架電して，多忙な人や外出が多い人からの回答も得られれば，標本の代表性を高めることが期待できる。

問 23 ······ 正解　③

①：適切である。不意にかかってくる調査の電話に不審感を持つ人もいる。個人情報が漏れたのではないかなどの不安を持つ対象者には，そのようなことはなく，無作為に選んだ結果であると説明して理解してもらう。

②：適切である。調査相手の名前が出ることはなく，「賛成◯%，反対◯%」などの集計値が出ることを説明し，安心してもらう。

③：適切でない。RDD 法では対象となった世帯に調査適格者（有権者など）が複数いる場合，その中から１人を無作為に選び対象者を決める。最初に電話に出た人ではなく，世帯の中から無作為に選び，偏りをなくすことが理由である。

④：適切である。１回架電して応答がなかったことを理由にその番号への調査を終了させると，回収標本は在宅率が高い人に偏る危険性が高まる。

⑤：適切である。一時的な不在の場合は，家族から本人が帰宅する時間を聞いて再架電し，本人からの回答を得られるようにする。

問 24 ‥‥‥ 正解　②

①：適切である。地域ごとに都市部から町村部まできめ細かく地点を選び出すことができれば，さまざまな地域属性を持つ調査対象者を含めることにつながり，代表性を高めることが期待できる。

②：適切でない。郵送調査では調査員が地理的に移動する必要はないので，抽出間隔を大きくすることが可能であり，歩いて調査するという物理的制約を受けない。3 程度となると同一世帯員が抽出される可能性があり，その意味でも適切ではない。

③：適切である。調査の謝礼を調査後に送った場合の回答率よりも，調査票と同時に先に送る場合の回答率の方が高くなることが，国内外の事例から明らかになっている。

④：適切である。回収率を向上させることも代表性を高めるが，郵送調査のように調査員が介在しない状況では，開封された調査票などの資料の印象をよくする必要がある。分厚い調査票では回答意欲を失わせる。「すぐに回答できそうだ」と思える分量にして回答に協力してもらえるよう工夫する。

⑤：適切である。調査期間をある程度延ばし，多忙など，さまざまな理由で提出が遅れている対象者からの回答を受け付けることは，回収率を一定程度高める効果がある。

問 25 ‥‥‥ 正解　①

①：適切でない。日本は 2021 年調査では最初の段階で，すべての世帯にインターネット回答のための ID と，郵送提出用の調査票を同時に配布した。

②：適切である。アメリカ合衆国の回答方式は，インターネット，電話，郵送の 3 通りで，アラスカの遠隔地等では調査員方式も一部で採用されている。このうちインターネットによる方式は 2020 年調査で初めて導入された。

③：適切である。カナダの 2021 年調査においては，調査票の配布では調査員による方式も採用されたが，提出方法はインターネット，電話，郵送によって実施された。

④：適切である。イギリスはインターネットを基本としながら，郵送と調査

員による方式も採用している。一部の調査事項について行政記録情報で把握している。

⑤：適切である。イタリアでは 2018 年以降，国勢調査を毎年実施しているが，2020 年調査は新型コロナウイルス感染症の影響で，行政記録情報のみを利用して推計することにした。それまでは調査員調査も採用していた。

問 26 ‥‥‥ 正解　④

①：適切である。近年はスマートフォンでの回答が増えてきている。日本マーケティング・リサーチ協会によると 2019 年時点でスマートフォンによる回答比率は 56％ となっている。

②：適切である。調査対象者ごとに ID を発行することで識別可能な状態にしておかないと，複数の回収方法を採用した場合の重複回収が難しい。

③：適切である。古い ID を有効にしておくと，調査対象者あるいは周辺の人が古い ID で回答する可能性を排除できない。

④：適切でない。複数の回収方法を選択可能にした場合，調査対象者に事前に，どの方法で回答するかを確認しても，実際には異なる方法で回答することを避けられないので，その前提で業務を進める必要がある。訪問回収を希望しなかった対象者が必ずオンラインで回答するとは限らないので，回収状況を確認しながら，回答がなければ連絡をし，訪問回収に変更するケースに対応しないと回収率が低下してしまう。

⑤：適切である。オンライン調査に特有の質問は，特に技術的内容が多く，一般的な質問よりも専門性を求められるので，専用番号で対応することが望ましい。

問 27 ‥‥‥ 正解　①

①：適切でない。割当抽出法は確率標本ではない。割当条件も性別や年代別など数項目に限定され，それ以外の条件を反映していない。

②：適切である。調査対象の母集団が特定・特殊な条件に該当する集団である場合は，インターネット調査でスクリーニング調査を実施して迅速に回答者を選定することができる。

③：適切である。いい加減に回答する人は質問文を読まない，該当する選択

肢を選択しないなど，早く回答を終えて謝礼をもらおうとするため，回答
時間が極めて短くなる傾向がある。

④：適切である。スマートフォンはPCと違い視認範囲が狭いため，すべて
の選択肢やマトリクス設問が一覧で表示されなくなってしまう可能性が高
い。調査開始前にはPCだけでなく，スマートフォンでどのように表示さ
れているかを確認することが望ましい。

⑤：適切である。インターネット調査ではロジック制御により，選択肢のラ
ンダマイズのほか，質問の分岐など，質問紙の調査では実現できなかった
ことができるようになっている。

問28 ······ 正解　③

①：適切である。POSデータから，いつ，どこで，何が，いくつ，いくら
で，売れたのかが分かる。POSデータを集計し，全国ベースに拡大推計す
ることで，販売金額・販売量の市場規模の推計値，品目別・メーカー別の
マーケットシェア，商品の置かれている販売店の割合などを算出すること
ができる。

②：適切である。POSデータには，サブカテゴリーが付与されていないた
め，サブカテゴリー別の分析をするために，POSデータに情報を付加する
ためのマスターデータを利用し，サブカテゴリーを付与する必要がある。

③：適切でない。売上に影響を与える要因情報をコーザルデータ（Causal
Data）といい，販売促進データ，棚割データ，催事データ，気象データな
どがある。商品の売上について要因を分析する場合に，コーザルデータは
有用であるが，POSデータにコーザルデータは含まれない。

④：適切である。店舗の販売実績を比べる場合には，来店客数の影響を考慮
する必要がある。来店客数が異なる店舗の売上金額や売上点数を比較す
る場合には，来店客数の影響を除外するためPI値を用いる。PI値とは，
Purchase Indexの略で，レジ通過1000人あたりの売上金額（売上点数）
のことである。

⑤：適切である。需要の価格弾力性は，価格の変化率に対する需要の変化率
を表し，POSデータの価格と売上点数の変動から求めることができる。

問 29 ······ 正解　②

①：適切である。四分位範囲が最も大きいのはパソコン（デスクトップ型）である。

②：適切でない。目視では微妙な差異だが，スマートフォンの普及率の最大値は 66.2%，携帯電話の最小値は 66.8% である。

③：適切である。パソコン（デスクトップ型）の普及率の最大値は 45.9%，パソコン（ノート型）の最小値は 43.0% である。

④：適切である。普及率の範囲が最も大きいのは，パソコン（ノート型）である。

⑤：適切である。携帯電話の都道府県平均の普及率の値は 73.7% と最も大きい。

問 30 ······ 正解　②

①：適切である。結婚前に「正規の職員・従業者」であった女性 911 人が，結婚後に「パート・アルバイト」に変化したのは 47 人で，その割合は 5.2% である。

②：適切でない。結婚の前後のいずれにおいても「仕事あり」の女性 1,045 人のうち，仕事の形態が変化しなかったのは $18 + 679 + 66 + 74 + 2 = 839$ 人であり，その割合は 80.3% である。参考までに，結婚前に「仕事あり」の女性の割合は 81.4% である。

③：適切である。結婚後に「正規の職員・従業員」である男性 526 人のうち，結婚前に「労働者派遣事業所の派遣社員・契約社員・嘱託」であったのは 13 人であり，その割合は 2.5% である。

④：適切である。結婚前に「仕事あり」の女性 1,284 人が，結婚後に「仕事なし」に変化したのは 232 人であり，その割合は 18.1%，結婚前に「仕事あり」の男性 604 人が，結婚後に「仕事なし」に変化したのは 1 人であり，その割合は 0.2% である。

⑤：適切である。結婚前に「正規の職員・従業員」であった男性 492 人が，結婚後も「正規の職員・従業員」であるのは 466 人であり，その割合は 95.5% である。結婚前に「正規の職員・従業員」であった女性 911 人が，結婚後も「正規の職員・従業員」であるのは 679 人であり，その割合は

74.5％である。

問 31 ······ 正解　⑤

①：適切である。全世帯数を N，負債のある世帯数を M とすると，全世帯で負債額が中央値以下の世帯数は $N/2$，負債のある世帯については $M/2$ であり，両者の世帯数の差 $(N-M)/2$ を 2 倍すれば，負債のない世帯数となる。

②：適切である。負債額が 150 万円未満の世帯の割合は 53.4％，負債なしの世帯の割合は 45.4％ であり，150 万円未満の階級に中央値が含まれる。

③：適切である。負債額が 900 万円以上の世帯の割合は 33.9％である。

④：適切である。負債のある世帯の割合を 150 万円未満の階級から累積すると，900 万円〜1200 万円の階級までで 24.6％となり，これに 900 万円〜1500 万円の階級の世帯割合 4.3％を加えると 28.9％となる。負債のある世帯は全体の 54.3％であり，その 1/2 の 27.2％を超える。

⑤：適切でない。負債のある世帯の負債額平均は，$821/(1-0.454)=1503.633$ である。

問 32 ······ 正解　③

①：必ずしも適切とはいえない。標準偏差の値は 1980 年度が最も小さいが，1 人当たりの県民所得の水準は他年度よりも大きく下方にある。所得格差をみる際，比較対象が水準の異なる場合には，水準を調整した変動係数でみるのが適当であり，2014 年度の変動係数が最も小さい。

②：必ずしも適切とはいえない。最大と最小は 2000 年度が最も大きいが，これはこの年度の所得水準が高いことによるもので，所得水準を調整した範囲は 2010 年度が最も大きい。変動係数でみても 1990 年度が最も大きい。

③：適切である。1980 年度以降の 1 人当たり県民所得の範囲は 114 万円，225 万円，252 万円，243 万円，238 万円であり，これを各年度の標準偏差で除すれば，5.16，5.08，6.14，6.26，6.09 となり，いずれも 5 を超える。

④：適切でない。1980 年度以降の 1 人当たり県民所得の最大値を基準化した値は，3.53，3.43，4.29，4.54，4.32 であり，1980 年度と 1990 年度は 4

未満である。

⑤：適切でない。1980 年度以降の 1 人当たり県民所得の最小値を基準化した値は，-1.63，-1.65，-1.85，-1.73，-1.76 であり，どの年度も 2 標準偏差以内の乖離にとどまる。

問 33 ⋯⋯ 正解　④

誤りは④のみである。以下の図を参照すれば直感的に理解できる。図では集団 1 と集団 2 では前者の方が大きいと想定して，散布図の概形を示している。

①：適切である。サンプルサイズが増えただけと考えればよい。

②：適切である。図を見れば自明である。

③：適切である。この性質は厳密に証明できることに注意したい。

④：適切でない。たとえば，近似的に $\bar{y}^{(1)} \doteqdot \bar{y}^{(2)}$ となる場合が含まれるため，$r^{(\mathrm{all})} > r$ とは限らない。

⑤：適切である。$\bar{x}^{(2)}$ と $\bar{x}^{(1)}$ の差が有限なら $r^{(\mathrm{all})} > 0$ となる。

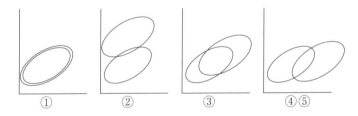

問 34 ⋯⋯ 正解　①

①：適切でない。係数 b の t 値は仮説 $b = 0$ を検定するものであり，問題の仮説とは異なる。

②：適切である。仮説の 0.577 という値は定数であり，それが推定量の実現値であることは，仮説検定の結論には影響しない。

③：適切である。回帰分析の出力で t 値は $\hat{b}_{19}/\mathrm{se}(\hat{b}_{19})$ と計算されている。

④：適切である。$(\hat{b}_{19} - 0.577)$ は正規分布にしたがい，その標準偏差が $\mathrm{se}(\hat{b}_{19})$ で与えられている。

⑤：適切である。$(\hat{b}_{19} - 0.577)$ は平均 0 の正規分布にしたがう。

問 35 · · · · · · 正解　④

①：適切である。2000 年と 2019 年を合わせた $n = 20$ のデータに対して，ダミー変数 z（2000 年の観測値に対して $z = 0$，2019 年の観測値に対して $z = 1$）を追加した回帰式 $y = a + bx + cz$ を推定して，回帰係数 c が有意に 0 と異なるかどうかを見ればよい。

②：適切である。推定量の差 $\hat{a}_{00} - \hat{a}_{19}$ は，期待値 0 の正規分布にしたがう。

③：適切である。推定量の差 $\hat{a}_{00} - \hat{a}_{19}$ の分散は，$V_{00} + V_{19}$ である。

④：適切でない。$(\hat{a}_{00} - \hat{a}_{19})/\sqrt{V_{00} + V_{19}}$ は正規分布にしたがう。

⑤：適切である。2000 年，2019 年の回帰分析で得られる結果は互いに独立だから，$\hat{a}_{00}$ と $\hat{a}_{19}$ の分散の推定量を組み合わせれば，差 $\hat{a}_{00} - \hat{a}_{19}$ の分散はそれらの分散の和になる。したがって，標準誤差 $\mathrm{se}(\hat{a}_{00})$ と $\mathrm{se}(\hat{a}_{19})$ から推定量の差 $\hat{a}_{00} - \hat{a}_{19}$ の分散の不偏推定を行うことができる。

問 36 · · · · · · 正解　①

①：適切でない。因子負荷量が負の項目は「優しさや利他性」とは正反対の事柄を尋ねている逆転項目である。したがって，逆転項目に対する因子負荷量が負であることは，この因子の得点が大きいほど，「優しさや利他性」が強いことを意味する。逆転項目以外については因子負荷量が正の値をとっていることも，この因子が「優しさや利他性」の強さを表していることを示している。

②：適切である。共通性は因子を独立変数，項目を従属変数とする回帰モデルの寄与率に相当する。

③：適切である。各項目について，共通性と独自性を合計すると 1 になることから，項目 3 の独自性は 0.42 である。

④：適切である。項目 3 は因子負荷量が最大であることからこの解釈は正しい。

⑤：適切である。5 項目の背後にある因子と 4 項目の背後にある因子は異なるので，因子負荷量も違う値になる。

問 37 · · · · · · 正解　②

①：適切である。標本平均の値は，信頼区間の中心に位置する。

②：適切でない。伝統的な（ネイマン－ピアソン統計学の）95% 信頼区間の解釈は，同じ調査や実験を繰り返したときに，そのうちの約 95%（たとえば 10,000 回のうちの 9,500 回の頻度）に真の母平均を含む，と定義するもので，95% は信頼率（信頼係数）であって確率ではない。

③：適切である。信頼係数をより大きくすると，信頼区間の計算において標準誤差にかける係数が大きくなり，その結果，信頼区間の幅はより広くなる。

④：適切である。標本の大きさをより大きくすると，標準誤差が小さくなり，それにより信頼区間の幅はより狭くなる。

⑤：適切である。標本標準偏差（あるいはそれの 2 乗である標本分散）をより大きくすると，標準誤差が大きくなり，それにより信頼区間の幅はより広くなる。

問 38 ······ 正解　④

①：適切である。得られた両側検定の P-値は 0.05 を上回っているので，統計的有意差とみなすことはできない。

②：適切である。引かれる平均値と引く平均値とを入れ替えた場合，t 値の符号は反転する。

③：適切である。他はすべて同じ条件で，両側検定から片側検定に変えると，P-値は半分になる。

④：適切でない。得られた t 値が同じであっても，被験者の人数が変われば自由度が変わり，それに伴い P-値も変わる。

⑤：適切である。等分散性の仮定が満たされないのであれば，通常の t 検定に代えて，ウェルチの検定などを用いることが考えられる。

問 39 ······ 正解　①

①：適切である。アメリカの調査会社 Harris Interactive 社は傾向スコア分析によって，選挙予測を実施したことが発表されている。

②～⑤：いずれも，適切でない。

問 40 ······ 正解　⑤

①：適切である。各階級のなかで最低気温の日が最も多かったのは，1℃以上2℃未満の階級の14日である。

②：適切である。分布の形状を知るうえでヒストグラムの作成は有用であり，ちなみに設定する階級数をスタージェスの公式から求めると8になる。

③：適切である。加重平均の算出の一般的な説明。

④：適切である。分散の算出の一般的な説明。

⑤：適切でない。第3四分位数は上半期で特に暖かかった約45日間の下限である。

索　引

■日本統計学会　The Japan Statistical Society

（執筆）

鈴木督久　株式会社日経リサーチ シニアエグゼクティブフェロー
土屋隆裕　横浜市立大学大学院データサイエンス研究科長・教授
長崎貴裕　株式会社インテージ 取締役執行役員
中山厚穂　東京都立大学経済経営学部教授
福田昌史　読売新聞東京本社 編集局世論調査部次長
舟岡史雄　信州大学名誉教授
村上智章　株式会社マクロミル マクロミル総合研究所
美添泰人　青山学院大学名誉教授

（責任編集）

鈴木督久　株式会社日経リサーチ シニアエグゼクティブフェロー
舟岡史雄　信州大学名誉教授
美添泰人　青山学院大学名誉教授

（肩書は執筆当時のものです）

日本統計学会ホームページ　https://www.jss.gr.jp/
統計検定ホームページ　　　https://www.toukei-kentei.jp/

装丁（カバー・表紙）　高橋 敦 (LONGSCALE)

日本統計学会公式認定　統計検定専門統計調査士対応

調査の実施とデータの分析　　　　　　　　　Printed in Japan

2023年1月25日　第1刷発行　　　　　　ⒸThe Japan Statistical Society　2023
2024年2月10日　第2刷発行

編　集　日本統計学会
発行所　東京図書株式会社
〒102-0072 東京都千代田区飯田橋3-11-19
振替 00140-4-13803 電話 03(3288)9461
http://www.tokyo-tosho.co.jp

ISBN 978-4-489-02383-5

本書の印税はすべて一般財団法人 統計質保証推進協会を通じて統計教育に
役立てられます。